JN244892

Wilson in Tokyo 1914

100年前の東京と自然

—プラントハンター　ウィルソンの写真—

Tomoko Furui
古居智子

八坂書房

Mrs. Wilson, Ellen, and Muriel. Tokyo, 1914. 妻エレンと娘ミュリエル。（東京、1914 年）

Passport of E.H.Wilson and his wife. 1916-1922
ウィルソンと妻の日本入国時のパスポート。

目　次　　Contents

Muriel. Tokyo, 1914. 娘ミュリエル。(東京、1914年)

凡　例

◎ウィルソンの撮影した写真で、現存する樹木や建造物があるものには、出来る限り現況写真を添えた。
◎キャプションにウィルソン本人のコメントを英文・訳文で入れた。撮影年月日の後には著者の解説を入れた個所もある。
◎キャプションの学名はウィルソンの記述による。和名は現状に合わせて一部改変した。
◎枠囲みの地名・施設名は、ウィルソンの撮影写真：ゴシック体、現況写真：明朝体で表記した。

ドキュメンタリーとしての写真の魅力

屋久島の巨大な切り株「ウィルソン株」にその名を残した英国人アーネスト・ヘンリー・ウィルソン（1876-1930）の素顔については、あまり知られていない。

人跡未踏の地を旅して数多くの新種の植物を発見した稀代のプラント・ハンターであり、イギリスのキュー王立植物園やアメリカのハーバード大学に足跡を残す優秀な植物学者であると同時に、論文だけでなく一般読者向けの本も20冊ほど書いた著述家で、そして7700枚を超えるガラス乾板の画像を残したエネルギッシュな写真家でもあった。

フィールドノート、メモ、手紙、論文、雑誌への寄稿や著作など、ウィルソンの記録はハーバード大学アーノルド樹木園のアーカイブに多数残されている。資料に不足はないように見えるが、その内容は植物、自然、歴史などの客観的な記述に始終し、個人的なことについては寡黙な態度を貫いた人であった。

しかし、伝説的な冒険譚で彩られた生涯を考える時、研究者の範疇だけでは収まらない大きな存在に対峙する思いに捉われるのも確かだ。ウィルソンの記録を丹念に追う過程で、時にして感情や心情が吐露されている文脈に出くわすことがある。そして、何よりも饒舌に彼自身を語っているものはその写真の中にあった。

ウィルソンが日本を旅した1914年から1918年は、第一世界大戦が勃発しヨーロッパを主戦場にした戦争が泥沼化していく時代と重なる。生まれ故郷のイギリスも空襲にあい、多くの人命が失われ、懐かしい森が破壊されていった。武器を手にするのではなく、採集箱と撮影機材を抱えて自然の中にいることにこそ己を生かせる道があると確信したウィルソンは、苦悶の末に極東の地に留まった。

そこで彼が見たものは何だったのだろうか。植物の生態を記録するという使命に基づいてはいるものの、時にしてレンズは対象物から距離を置き、空間を俯瞰する。戦争、開発あるいは自然災害などの要因によって、常に変遷を余儀なくされる自然の儚さを悟ったナチュラリストが、写真という媒体を通して語りかけようとしているメッセージがそこにある。

100年後の世界に生きている私たちにとって、ウィルソンの写真は数多くの情報が含まれた貴重なドキュメンタリーでもあるのだ。

E.H.Wilson, Ellen and Muriel, family portrait taken in Tokyo. 1914.
残っている唯一の家族写真。妻エレンと娘ミュリエル（8歳）、1914年、東京で撮影。

Group of men among trees on grounds of nursery. 1917-1919.
種苗園にて木を観察するウィルソン。（白いスーツ姿、東京郊外、場所不明）

E.H.Wilson with his most efficient Japanese “Boy” Morita at a Japanese fruit and vegetable market. 1917-1919. ウィルソン（左から２人目）とウィルソンが「ボーイ」と呼び最も信頼した通訳の森田氏（右から２人目）。（日本の青果市場、場所不明）

ウィルソンが撮った大正の帝都

1914（大正３）年２月から丸１年、ウィルソンは屋久島を皮切りに北海道、サハリン（樺太）にまで足を延ばし、３年後の1917年に再来日した時には２年かけて沖縄諸島、小笠原諸島、朝鮮半島、台湾を訪れた。この間に採集した植物標本は5000点余り、撮影した写真は1322点にも及ぶ。

ハーバード大学アーノルド樹木園の要請により実施された日本の旅は、針葉樹とサクラの調査を主な目的としていた。当時の大日本帝国の版図は台湾、朝鮮半島、南サハリンにも及んでいたので、彼のなかでは日本の土地をくまなく旅したという認識だったのだろう。そして、その旅の拠点となったのが首都、東京だった。遠方に出かけては東京に立ち戻り、植物園や種苗園での情報収集を兼ねて旅の疲れを癒した。

明治維新から50年近く、当時の日本は日清・日露戦争の勝利で領土を拡大し、西洋の技術や文化を模倣し、先進国に一歩でも追いつくためにひたすら近代化の道を邁進していた。ウィルソンが「あまりに先を急ぎ過ぎている」と嘆いたように、都心部の風景から江戸の名残が急速に姿を消し、東京は欧米風の帝都へとつくりかえられようとしていた。郊外に鉄道が延び、一般家庭にも電灯が普及するなどインフラが整備された。大名屋敷に代わって、レンガ造りの西洋風建物が次々と建築され、オフィス街、官庁街そして銀座に代表される繁華街に人々が集った。庶民文化も広がり、大正デモクラシーの掛け声のもと社会運動も活発化しようとしていた。

ウィルソンはそんな変貌する都市の影でひっそりと命を継ぐ樹木にカメラのレンズを向けた。首都圏で撮影された写真は、計223点が残る。

それから１世紀余り。東京は関東大震災、東京大空襲という災禍を経験し、オリンピック開催では大きな変貌も遂げた。灰塵（かいじん）に帰しては息を吹き返し、復興と開発を繰り返してきた時間のなかで、かろうじて生き残った風景もあれば、消滅し忘れ去られてしまった風景もある。

ウィルソンが撮影した地点に立つひとときは、そこを通り過ぎていった生命（いのち）の残像に思いを馳せる時間にもつながっている。

"If we do not get such records of them in the shape of photographs and specimens, a hundred years hence many will have disappeared entirely"

Ernest Henry Wilson

もし写真や標本というかたちで記録を残さなかったら、100 年後にはそのすべては消えてしまうだろう。

アーネスト・ヘンリー・ウィルソン

◀ *Prunus sieboldii* Wittmack. Near Gotemba. Height 20 ft. Circumference 2 ft. Crown 15ft. through. Flowers double, rose pink.
タカサゴ（高砂） 御殿場近郊 樹高 6m 幹周 0.6m 樹冠 4.6m
八重咲き 淡紅色 1914. 04. 16.

第1章

Tokyo Cherry

トウキョウ・チェリー

クローン桜の登場によって、
東京の花見風景は大きく変わろうとしていた。

◀ *Prunus yedoensis* Matsumura. Planted alongside the Yedogawa, Tokyo. ソメイヨシノ　江戸川（現・神田川）沿いの桜並木　1914. 04. 05.

神田川

▲現況写真　現神田川の大滝橋から飯田橋までの間は、1965（昭和40）年まで江戸川と呼ばれていた。写真は小桜橋から中之橋を望む風景。1884（明治17）年頃から地域住民の手で川の両岸にサクラが植えられ、貸舟や出店で賑わった。大正末期からの護岸工事で桜並木の風景が消え、現在は川の上空を首都高速道路が走っている。2018. 12. 13.

▲ *Prunus yedoensis* Matsumura. Kudan Shrine, Tokyo. Grove of trees in full flower.
ソメイヨシノ　九段神社（靖国神社）　満開の木立　1914. 04. 05.

靖国神社

▼現況写真　九段坂の上にあるので「九段神社」とも呼ばれていた。明治12（1879）年に「東京招魂社」から現在の名称に改称され、その後大量のソメイヨシノ（染井吉野）が植栽された。撮影場所は神門を入って左、南門につながる一帯で、一群のサクラの中には古木も多い。2018. 03. 28.

目黒不動尊

▲現況写真　開基は平安時代。江戸時代には一般庶民の行楽地として親しまれた。西郷隆盛も島津斉彬公の病気が治るよう祈願に訪れている。写真は、大本堂の右側面からから捉えたもの。1981（昭和56）年に再建された朱塗りの本堂の両サイドを現在もサクラが美しく彩っている。2018.03.27.

▶ *Prunus yedoensis* Matsumura. Fudo Temple, Meguro, Tokyo. Height 20 ft. Circumference 1 ft.

ソメイヨシノ　目黒不動尊（龍泉寺）樹高6m　幹周0・3m　1914.04.07.

▼ *Prunus yedoensis* Matsumura. Tokyo. In front of British Legation. Height 30-35 ft. Circumference 2-3.5 ft.

ソメイヨシノ　駐日英国大使館前　樹高9～10・7m 幹周0・6～1m　1914. 04. 05.

英国大使館前

▲現況写真　1874（明治 7）年に大名屋敷跡に建設された英国大使館前のサクラは、アーネスト・サトウ公使が 1898（同 31）年に東京府に寄贈したのが始まりとされる。大正の頃には赤坂見附まで見事な並木が続き、市電の車窓からの風景は格別だったという。関東大震災で大使館は倒壊し、現在の建物は 1929（昭和 4）年に再建されたもの。戦災で並木の大半が失われたが、戦後に植樹され、現在は都内でも有数のサクラの名所になっている。2018. 03. 28.

▲ *Prunus yedoensis* Matsumura. Tokyo Botanic Garden. Type tree of species; planted about 40 years ago. Height 35-40 ft. Circumference 6-8 ft.
ソメイヨシノ　小石川植物園　樹高 10.7-12m　幹周 1.8-2.4m
約 40 年前に植栽されたタイプ木　1914. 04. 03.

小石川植物園

▼現況写真　数列のサクラの古木が枝を広げる小石川植物園の「ソメイヨシノ林」。初代園長の松村任三がこのサクラ並木からとった標本を基準として 1901（明治 34）年に学名を発表した。現在は植栽時の主幹はなくなり、ひこばえが生育し成木となっていると考えられる。2018. 03. 26.

吉祥寺（本駒込）

▼現況写真　江戸城を築城する際に、井戸の中から「吉祥」の文字を刻した金印が発見されたのを契機に建立され、明暦の大火で現在地の本駒込に移転した。焼け出された門前の町方のために新たに開拓された武蔵野市吉祥寺の地名のルーツ。現在も山門から見事なシダレザクラ（枝垂桜）の連なりが続く。2018. 03. 27.

▲ *Prunus subhirtella* var. *pendula* Tanaka. Kichijo Temple, Tokyo. Height 20 ft. Circumference 2.5 ft.
シダレザクラ　吉祥寺　樹高 6m　幹周 0.76m　1914. 03. 31.

靖国神社のソメイヨシノの標本木。気象庁が発表するサクラの開花宣言の基準とされている。2018. 03. 28.

《コラム》

時代の寵児、ソメイヨシノ

ソメイヨシノ（染井吉野）が世に出たのは、それほど古くはない。幕末、植木で有名な染井村（現豊島区駒込）から「吉野桜」の名で売り出されると人気を博した。奈良の吉野山のヤマザクラと紛らわしいということで、「染井吉野」と名付けられたのは1900（明治33）年である。

接ぎ木によって安価で増殖できる手軽さと生育の早さに加え、葉が出る前に花が咲き揃う華やかな見栄えが新しい時代の気分にマッチしたのだろう。まるで明治維新後の画一化されていく世の中と歩調を合わせるかのように出現し、東京を中心に一気に広がった。どの個体も同じ遺伝子を持つクローンなので、同じタイミングで咲き、いっせいに散る。その豪華さを際立たせるために、一か所にまとめて数多く植樹された。

ウィルソンは1914年の3月末から4月初め、サクラの開花に合わせて東京を歩き回った。この時期に撮られた首都圏での写真76枚のうち、実に42枚にサクラの木がおさめられているが、圧倒的にソメイヨシノが多い。もうすでに、その頃には新時代を象徴するサクラが帝都を席巻していく過程にあった様子がわかる。

日本のサクラの栽培は千年以上の歴史を持ち、古来、日本人は多様な栽培品種の個々の美しさを愛でてきた。江戸時代を通じて250を超える種類が開発され、花見の文化も確立された。その技術と情熱に感嘆し、日本のサクラを調査、分類することを目的としていたウィルソンにとっては、東京の春はいささか戸惑いを隠せない花見風景に包まれていた。同時に、改めて日本人とサクラのつながりを認め、深い感動を覚えている。

「サクラの満開の頃の風景は忘れることはできない。開花に合わせて老いも若きも、金持ちも貧しい人も祭りを楽しむ。喜びの季節、春の到来の印である」

花見の名所は宴を開き音楽を奏でる人々の姿で埋まり、花見客を当てにした茶店や見世小屋が沿道に軒を並べ、薄桃色の花弁に染まる川面には舟が浮かべられた。

昭和になり軍靴の音が近づくにつれ、ソメイヨシノはその散り際の潔さゆえに軍国主義のイメージづくりへと利用されるようになっていた。戦時中は薪にされるなど荒廃したが、戦後の復興のスピードに合わせて再び全国で大量に植栽され、現在に至る。

《コラム》

雑種説を提唱したのはウィルソン

サクラの代名詞的な存在になるまで人気を呼んだにもかかわらず、ソメイヨシノの起原については記録が残っていないため、長い間、解明されることがなかった。1901（明治34）年に小石川植物園初代園長の松村任三によって「*Prunus yedoensis* Matsumura」という学名が与えられ、植物学上の位置が定められたものの、その発生の来歴については謎とされていた。

ウィルソンは短い滞在の間に小金井、八王子、箱根、御殿場などにも足を運び、栽培品種、野生種を含めさまざまなサクラを採集し、さらに日本人植物学者が作った標本を精査した。ソメイヨシノに駆逐され、姿を消していく運命にあった栽培品種について記録しておきたかったからだ。

「希少なサクラがたくさんあった古き良き時代に戻れたらと思います」

そして帰国後、日本のサクラの栽培品種について分類学的に記した『日本のサクラ』を出版し、日本に生育する90以上ものサクラの種類について詳細に記した。そのなかでソメイヨシノの起源は「エドヒガンとオオシマザクラの雑種であると強く示唆する」と述べ、自説を展開した。理由は、東京で中心的に見られること、野生個体を発見できなかったこと、花や葉の形など形態的特徴を観察した結果であると記述されている。

しかし、その後も長くウィルソン説は明確に裏付けされることはなかった。多くの学者によって大島原産地説、済州島からの渡来説などの諸説が唱えられたが、決定的な結論に至ることなく消えていった。

国立遺伝学研究所の竹中要が交配実験をもとに、エドヒガンとオオシマザクラの雑種起源であることを科学的に示したのは1965（昭和40年）過ぎのことだった。ウィルソンが仮説を公表してから実に半世紀も後だった。プラント・ハンターとして植物を見極める目を養ってきたウィルソンの観察力、洞察力の確かさを認識させられるエピソードである。

ウィルソンが“トウキョウ・チェリー”という愛称で呼んだソメイヨシノは、1984（昭和59）年に「東京都の花」に選ばれている。

『日本のサクラ』（The Cherries of Japan） E.H.ウィルソン著、1916年、欧米で出版された初めての日本のサクラの本。和名も記されている。

▼ *Prunus serrulata* var. *sachalinensis* Makino. Ueno Park, Tokyo. Outside Yanaka Cemetery. Height 30 ft. Circumference 6 ft. Crown 35 ft. through.
オオヤマザクラ　上野公園、谷中霊園の外　樹高9・1m　幹周1・8m　樹冠10・7m　1914. 04. 08.

第2章

Pablic Park

公園という名の近代

明治になって初めて、都市公園の概念が生まれた。

▼ *Prunus subhirtella* var. *ascendens* Wilson. Yanaka Cemetary, Tokyo. Height 25 ft. Circumference 3 ft.
エドヒガン　谷中霊園　樹高7・6m　幹周0・9m　1914. 04. 08.

谷中霊園

▲現況写真　ウィルソンの写真には幸田露伴が小説『五重塔』のモデルとした天王寺の五重の塔のひさしが左端に写っている。撮影場所は「さくら通り」と呼ばれる中央園路。多品種の桜が植栽されていたが、現在はほとんどがソメイヨシノになっている。昭和32（1957）年夏、五重塔は放火で焼失し、花崗岩の礎石と塔の横に立っていた石碑だけが残る。奇しくも、ウィルソンと親交があった日本植物学の父、牧野富太郎の墓が近くにある。2018. 03. 27.

▲ *Prunus serrulata* var. *sachalinensis* Makino. Kanyei Temple, Ueno Park, Tokyo. Height 35 ft. Circumference 4 ft. オオヤマザクラ　寛永寺　上野公園 樹高 10.7m　幹周 1.2m　1914. 03. 31.

▲ *Prunus subhirtella* var. *ascendens* Wilson. Ueno Park, Tokyo. Height 50ft.　Circumference 6 ft. エドヒガン　上野公園　樹高 15.2m　幹周 1.8m　1914. 04. 08.

上野公園

王子神社

王子神社の境内に当たる飛鳥山は徳川吉宗の時代（1720 年代）に整備され、江戸随一のサクラの名所となった。水茶屋があり、歌舞音曲も楽しめる場所として庶民にも喜ばれる行楽地だった。王子神社の社殿をはじめ、一帯は戦災で焼失。太田道灌が雨宿りしたという伝説のある御神木の椎の木も姿を消した。

▶ *Castanopsis cuspidata* Schottky. Oji Temple, Tokyo. 40 ft. x 22 ft. *Prunus yedoensis* Matsumura in foreground.
スダジイ（推定）と前方にソメイヨシノ　王子神社
樹高 12m　幹周 6.7m　1914. 04. 06.

◀ View in Shiba Park, Tokyo. Showing bronze roofs of temples.　芝公園　寺院（増上寺）の青銅の屋根が見える　1914. 12. 25.

芝公園

狭山不動尊

▲現況写真　台徳院（徳川秀忠）殿霊廟、勅額門の銅葺き屋根の一部である可能性は高いが、戦災で建物や資料が焼失しているため正確な検証は難しい。将軍の霊廟が整然と並んでいた芝公園の森閑とした境域はすっかり趣を変えた。写真は御成門や灯籠などともに、西武鉄道グループの当時のオーナーだった堤義明氏により1975（昭和50）年建立の狭山不動尊（埼玉県所沢市）に移設され現存する勅額門。国指定重要文化財。2018. 12. 13.

▼ *Prunus yedoensis* Matsumura. Hibiya Park, Tokyo. Group of young trees. Height 20-25 ft. Circumference 2 ft. *Fatsia japonica* Decaisne & Planch. in right foreground.　ソメイヨシノ　日比谷公園　樹高６～７ｍ　幹周０・６ｍ　若木の一群　右手前にヤツデ　1914. 04. 03.

▲現況写真　ウィルソンの東京での定宿だった帝国ホテルの前に、日本初の西洋式中央公園で東京の新名所となった日比谷公園がある。開園時にサクラ、マツ、カシ、ヒノキなどの苗木が植えられた。首都の官庁街と接し、有楽町や銀座にも近く、今日では高層建築群に囲まれている。ウィルソン撮影のサクラの木々はおそらく現存しないが、撮影地点に近いと思われる場所から現在のサクラの満開の様子を撮った。2018. 03. 27.

日比谷公園

幕末の上野戦争で焼失後、明治12年に現在地に移転再建された寛永寺根本中堂境内に立つ老桜。2018. 03. 27.

《コラム》

日本初の公園がたどった道

江戸時代までは、いわゆる英語で「パーク」に該当する公園の概念が日本にはなかった。欧州各国の都市文明をモデルに首都の都市計画を急いでいた明治政府は、そのことに気づくと1871（明治6）年に「公園制定」を発した。といってもにわかに公園を生みだすわけにはいかないので、政府が公収した寺社の境内をそれに当てることにした。もともと小芝居、見世物小屋や植木屋などの店が軒を並べ、江戸の庶民が参詣や花見などで集う息抜きの場所であったいう歴史的背景を考えれば、もっとも手っ取り早い方法だったと言える。

こうして浅草（浅草寺）、上野（寛永寺）、芝（増上寺）、深川（富岡八幡宮）、飛鳥山（王子神社）の五か所が日本最初の東京府指定の公園になり、江戸時代の伽藍がそのまま点在する境内が新たに庶民の公共空間と呼ばれるようになった。

明治、大正、昭和の80年間にわたって利用されてきたこの五か所の公園は戦後、政教分離の理由で公園地から解除され、それぞれの運命をたどった。浅草公園は劇場や映画館が立ち並ぶ娯楽街となり、深川公園は指定区域が大幅に減少され、飛鳥山公園はサクラの名所として生き残った。

対照的な運命をたどったのが、ともに徳川家の菩提寺で将軍家の墓所として絶大な権威を誇った上野公園と芝公園である。幕末の戊辰戦争の際に彰義隊の戦いの舞台となり、多くの歴史的建築物を焼失した上野公園は、明治天皇行幸のもと華々しく開園すると国家的行事であった博覧会会場になり、さらに博物館、美術館や学校が設置された。戦後は見事に復興を果たし、文化を発信する新しいタイプの東京の象徴となった。

整然と並んだ将軍の霊廟が独特の雰囲気を醸し出していた芝公園は、戦災で国宝級の建造物や記録を含めすべてを失った後、戦後の混乱のなか複雑な経緯をたどった。広大な園地は細切れに分断され、ホテルやゴルフ場の用地となり、東京タワーも建設された。現在の園地はまばら状に点在するだけで、昔日の面影はない。

これらの公園でウィルソンが撮影した風景は、場所の特定も不可能なほど変わってしまっている。明治の初めに画策された首都の都市計画に源を発する公園のかつての姿と今とでは、時の流れに翻弄された劇的な変貌のみが横たわっていた。

《コラム》

西洋の香り漂う中央公園の誕生

旧来の寺社の境内を活用した公園ではなく、西洋型の中央公園の構想を基に明治政府の肝いりで新たにゼロから作られた公園が日比谷公園である。

江戸期には大名屋敷があった日比谷は、明治初期には桑畑、茶畑だった時期を経て陸軍操練所（後に日比谷練兵場に改称）となり、1889（明治22）年の東京市区改正設計により公園に議定された。かつては入り江だったところを埋め立てた造成地で、地盤が軟弱な湿地であったため近代的な建物の建築が難しかったためとも言われている。

日本で初めての西洋風公園の設計を手掛けたのは、林学博士で造園家でもあった本多静六で、試行錯誤を経てドイツ公園を範に日本庭園の手法も加えた和洋折衷のデザインを考案した。有楽門側の心字池に旧江戸城の日比谷見附の堀と石垣を生かす一方、北ドイツの植栽形式を真似た花園やS字型の園路や噴水を配置するなど、これまでの日本になかった新しい発想の公園が生まれた。

1903（明治36）年に仮開園すると、東京市民に大きな話題を提供するとともに新名所になった。園内には当時珍しかった芝生が敷かれ、続けて斬新なドイツ式のバンガロー造りの公園事務所、洋食を出すレストランや日本初の野外音楽堂も設置された。レンガ造りの中央官庁を望む帝都の中央公園として、まさに近代国家を目指す日本の新しい姿を象徴するものだった。大正から昭和初期にかけては、季節の催し物や政治集会、国事なども盛んに開催され、国民広場として親しまれた。

ウィルソンはここで1枚だけサクラの写真を撮っているが、樹高はそれほど高くない。開園当時は十分な予算がなく、小さな苗木が植えられたのが10年経ってようやく育ってきた様子が伝わってくる。

関東大震災の際には、避難民が押し寄せバラックが144棟も立ち、およそ6000人が収容された。1928（昭和3）年になってようやく完全復興したものの、戦時中は高射砲が設置され、花壇は食糧難を救うための畑となり、戦後は進駐軍によって接収された。

現在は丸の内のオフィス街の傍らで大都会のオアシス的な存在になっている日比谷公園だが、その誕生には明治人の気概と壮大な夢が込められていることを知る人は、少ない。

日比谷公園の第一花壇にある噴水池の２羽のペリカン。
開園当時からのシンボル的存在である。2018. 12. 28.

1910年竣工の木造２階建ドイツ風バンガロー造りの旧公園事務所。現在は結婚式場として活用されている。都指定有形文化財。2018. 12. 28.

▲ *Castanopsis cuspidata* Schottky. Shiba Park, Tokyo. Height 80ft. Circumference 10ft.
スダジイ（推定） 芝公園 樹高24m 幹周3m 1914. 12. 25.
国宝指定の五重塔（戦災で焼失）が右に見える。

▲ *Sciadopitys verticillata* var. *pendula* Bean. Temple grounds, Shiba Park, Tokyo. With down-curved branches; habit very unusual. Height 80 ft. Circumference 9 ft. コウヤマキ 芝公園（増上寺境内）
下にカーブした枝をもつ非常に珍しい個体 樹高24m 幹周2.7m 1914. 12. 25.

第３章

Living Fossil

東京のシンボル、イチョウ

生きた化石の古木が、
都心の片隅に現存していた。

▼*Ginkgo biloba* Linn. Zenpukuji Temple, Azabu, Tokyo. Old tree showing aerial roots.
イチョウ　善福寺　麻布　気根を見せる古木　1914. 12. 24.

善福寺（麻布）

▲現況写真　初代米国公使館が設けられ、弁理公使だったハリスも滞在した麻布山善福寺の墓地に立つ霊木。1229（寛喜元）年に親鸞が植えたと伝わる。都内最大のイチョウで、ウィルソンが気根と記述した2mに達する円錐状の乳を垂らしていた。2018. 01. 05.

▶ *Ginkgo biloba*, Zenpukuji Temple, Azabu, Tokyo.　イチョウ　善福寺　麻布　1914. 03. 29.

▼ *Ginkgo biloba* Linn. Zenpukuji Temple, Azabu, Tokyo. Height 50 ft. Circumference 30 ft.
イチョウ　善福寺　麻布　樹高15・2m　幹周9・1m　1914.03.29.

善福寺（麻布）

▲現況写真　下の方に伸びた乳が逆さになった枝のように見えることから「逆さイチョウ」と呼ばれた（P32～34と同じ個体の遠景）。東京大空襲で幹の上部が損傷したが、見事に再生し樹勢を回復した。2015（平成27）年時点の樹高は20m、幹周10.4m。国指定天然記念物。イチョウの古木は、西洋人にとっては非常に珍しく、ウィルソンは著書の中でページを割いて、その来歴や希少性について記述している。2018.01.05.

◀▶ *Ginkgo biloba* Linn. Koyenji temple grounds, Tokyo. Height 80 ft. Circumference 28 ft.
イチョウ　高円寺境内　樹高24ｍ　幹周8・5ｍ　1914.03.27.

「日比谷公園や芝公園でも美しいイチョウを見たが、高円寺で出会ったものが最も美しかった」とウィルソンが絶賛した木。根元に祠があることにも言及し、全景と祠に焦点を絞ったのと２種類の写真を撮っている。

高円寺

▶現況写真　徳川家光が鷹狩りの度に立ち寄ったと言われる徳川家ゆかりの寺であるが、戦災で堂舎や貴重な古記録類の多くを焼失した。現在の本堂は 1953（昭和 28）年に再建されたもの。イチョウの大木は境内に 2 本あったとされるが、1 本は戦後に倒れてしまったという。周辺の建物が建て替えられたため位置の検証が難しく、ウィルソンが撮った木と現存する木が同一のものかは確定できない。2017. 12. 22.

◀ *Ginkgo biloba* Linn. Tokyo Botanic Garden. 75 ft. x 12 ft. Pistillate tree on which Mr. Hirase conducted the experiments which led to his discovery of spermatozoids in Ginkgo. イチョウ　小石川植物園　23ｍ×3・7ｍ　平瀬氏のイチョウの精子発見に貢献した雌株　1914.04.05.

小石川植物園

▲現況写真　生物学史に残る貴重なイチョウ。現在も植物園のほぼ中央に立つ。樹高 26m、幹周 4.9m（1996年時点）と、全体に一回り大きくなっている。推定樹齢300年。現在の木の下の生け垣は後に植栽されたものだが、枝先に止まった小鳥たちの糞に入っていた種子から育った雑木が周囲に多数、生えている。2017.12.21.

南房総

▲現況写真　樹齢 1 千年余。1180（治承 4）年 8 月、石橋山の戦いに敗れ当地に着いた源頼朝がこのソテツを見て称賛したと伝えられる。1935（昭和 10）年に千葉県指定天然記念物となった。1999（平成 11）年の時点で、樹高 8m、根廻り 6.5m。日本有数の巨樹で現在も健全である。所有者である網代家の人々の手により家宝として大切に育てられてきた。2018. 04. 26.

▲ *Cycas revoluta* Thunb. 25 ft. tall. Probably largest specimen in existence. Mr. T. Ajiro's garden, Iwai-mura, Boshu peninsula.
ソテツ　房州岩井村（現千葉県南房総市）　網代邸庭園　樹高7・6m　おそらく現存する国内最大の個体　1917.04.11.

▲ *Ginkgo biloba* Linn. Zenpukuji Temple. Azabu, Tokyo. Showing peg-like aerial roots. イチョウ　善福寺　麻布　ペグのような気根をもつ　1914. 12. 24.
ウィルソンはペグ（止め釘）のようと表現したが、日本では乳と呼ばれ、安産・子育ての信仰対象にされてきた。

《コラム》

太古の記憶を宿す植物

恐竜が栄えていた頃の地球に広く分布していたイチョウの仲間は、その後大半が姿を消した。わずかに中国で生き残っていた子孫が仏教とともに日本に渡来。18 世紀にオランダ商館医ケンペルによって紹介されるまで、ヨーロッパでは化石でしか見ることがかなわない植物だった。

公園、寺社の境内、大名屋敷の庭園など東京の各所でイチョウの巨木に接したウィルソンは、感嘆の声をあげた。

「想像もできない長い時間、命をつないできた生命力はまさに驚異だ」

特に注目したのが、麻布山善福寺の境内に立つ推定樹齢 750 年以上とされる古木だった。奇怪な姿を形作る太い枝から、円錐状の乳がいくつも垂れ下がり、苔むした墓石に囲まれた姿は、まさに霊木の威厳に満ちていた。

1914（大正 3）年 4 月と 12 月の 2 回、ウィルソンはこの寺を訪れ計 4 枚の写真を残した。日本全土で 773 点もの写真を撮っているが、一つの被写体に 4 度もシャッターを切ったのは、この木だけだ。

江戸時代、イチョウの木は火除地と呼ばれた防火地帯や寺社の参詣道に多く植えられた。人口が密集し幾度となく大火に見舞われた江戸の町ならでは現実的な理由がそこにあった。火に強いイチョウの性格に注目して、防火林として活用されてきたのだ。明治になっても盛んに植栽され、現在の東京の秋を象徴する風景を作り出している。

イチョウがソテツとともに、運動性をもつ精子で受精する珍しい裸子植物であるという発見も驚きのひとつだった。イチョウの精子の存在を学会に発表したのは、東京帝国大学理科大学（現理学部）植物学教室の画工を経て助手になった平瀬作五郎で、1896（明治 29）年のことだった。その同じ年に、続いて同大学農科大学教授の池野誠一郎がソテツの精子の存在を発表した。日本の近代植物学の創成期を飾る金字塔となった世界的発見とされ、両者は最初の学士院恩賜賞を受賞している。

「東京都の木」に選ばれ、都内では街路樹などで目にする機会が多いイチョウだが、その起原をたどると実に希有な植物であることに驚く。2 億年以上前の太古の記憶を宿しながら、都市の喧噪に囲まれて今なお生き続けているのだ。

小石川植物園 **鹿児島**

▲現況写真　運動性のある精子は原始的なコケ植物やシダ植物にはあるが、現生の種子植物ではイチョウとソテツ類で知られる。鹿児島市の旧県立興業館（旧考古資料館）前にあるソテツの木から分株されたものが小石川植物園の正門から入ってすぐのところに現存する（現況写真）。2016年

▶ *Cycas revoluta* Thunb. Kagoshima, Kyushu. Tree 18ft. tall. Pistillate plant on which Mr. Ikeno's experiments led to the discovery of spermatozoids in Cycas.　ソテツ　鹿児島　樹高5・5m　池野氏が精子発見の実験に使った雌株　1914.03.02.

◀ *Nuphar japonica* DC. Tokyo Botanic Garden.　コウホネ　小石川植物園　1914.09.10.　日本庭園の池。橋の上に着物姿の人影が見える。

第4章

Tokyo Botanic Garden
小石川植物園

旅の拠点、
日本の近代植物学はここから始まった。

▼ *Juniperus procumbens* S.&Z. Tokyo Botanic Garden. covering bank.
オキナワハイネズ　小石川植物園　土手を覆っている　1914. 12. 24.

x594

小石川植物園

▲現況写真　ウィルソンが特に興味を持った植物のひとつ。1917（大正 6）年の訪日の際に沖縄、伊豆大島、小笠原を訪れて、この仲間の標本を採集している。植物園の入口を入ってすぐの右側の斜面を覆うように生育していたが、今は繁殖エリアがかなり縮小されている。2018. 12. 13.

小石川植物園

▲現況写真　小石川植物園には現在、サンシュユの古木が３本残っている。個体の特定が難しいが、最も古い木と思われるのがこの写真の木。サンシュユは、ウィルソンが記録しているように徳川吉宗の時代に長崎経由で朝鮮半島から苗木と種子が移入され、薬木として利用された。2018. 12. 13.

▲*Cornus officinalis* 35 ft. x 6 ft.; introduced from Korea 1722.

サンシュユ　小石川植物園　樹高10・7m　幹周1・8m　一七二二年に韓国から移植　1914. 12. 24.

▼ *Quercus phillyraeoides* var. *crispa* Matsum. 15 ft. tall, spread 25 ft. Tokyo Botanic Garden.

チリメンガシ　小石川植物園　樹高4・6m　樹冠7・6m　1919.01.21.

▶ *Zanthoxylum ailanthoides* S.&Z. 35ft.tall, girth single trunk 3. 5ft.head 50ft.through.
カラスザンショウ　小石川植物園　樹高10・7ｍ　一本の幹周は1ｍ　樹冠15ｍ　1914. 03. 27.

▲ *Prunus yedoensis* Matsumura. Tokyo Botanic Garden.
Height 40 ft. Circumference 8 ft. Head 55 ft. through.
ソメイヨシノ　小石川植物園　樹高 12m　幹周 2.4m　樹冠 16.8m　1914. 04. 02.

小石川植物園

▼現況写真　ソメイヨシノ林と温室を結ぶ道が十字に交差するロータリーは、今も同じ場所にある。背後に見える建物は研究室か。現在はロータリーの縁に、サトザクラの古木が立っている。2018. 03. 26.

▲ *Prunus subhirtella* var. *pendula* Tanaka. Tokyo Botanic Garden. Height 35 ft. Trunks 4 and 3.5ft. in girth.
シダレザクラ（枝垂桜） 小石川植物園 樹高10・7ｍ 幹周1・2ｍと1ｍ 1914. 04. 02.

▼ *Prunus lannesiana* f. *albida* Wilson. Tokyo Botanic Garden. Height 14 ft.
オオシマザクラ　小石川植物園　樹高4・3m　1914.04.05.　背景に戦災で焼失した温室が見える。

小石川植物園

▲現況写真　江戸時代から続く江戸キリシマ系のツツジの栽培種。燃えるような鮮やかな紅色の花が特徴。枝が横に出るので樹形が丸みを帯びて庭園向きとして人気が高い。寛永年間に自然実生のなかから発見されたと言われている。現況写真のツツジは、同じ株である可能性がある。2018. 04. 30.

▶ *Rhododendron obtusum* Planch. Tokyo Botanic Garden. Flowers scarlet. Height 8 ft.
ヒノデキリシマ（日の出霧島）　小石川植物園　樹高2・4m　深紅色の花　1914. 04. 27.

◀ *Prunus yedoensis* Matsumura. Tokyo Botanic Garden. Height 15 ft. Circumference 2 ft. Crown 12 ft. through. Showing bark.
ソメイヨシノ　小石川植物園　樹高4・6m　幹周0・6m　樹冠3・7m　特徴的な樹皮が見える　1914.04.05.

小石川植物園

▲現況写真　徳川５代将軍綱吉が幼少の頃に住んでいた白山御殿に由来する日本庭園の池畔に立つソメイヨシノ。サクラの若木独特の光沢がある横向きの皮目が目立つ樹皮がウィルソンの目を引いたようだ。現在も同じ場所にソメイヨシノの老木が立っている。同じ個体の可能性がある。2018. 03. 26.

▼ *Pinus densiflora* S. & Z. in foreground; the round bushes are *Enkianthus japonicus* Hook. f. Tokyo Botanic Garden.
アカマツ　丸い藪はドウダンツツジ　小石川植物園　1914. 03. 27.

小石川植物園

▲現況写真　都内に残る数少ない江戸時代の代表的な庭園の一つ。斜面の常緑樹の中にサクラ、コブシが点在し、自然の地形を生かしながら植物を配した奥深い風景が展開されていた。植物研究のためより、庭園の美しさを残すことに重点が置かれた。震災、戦災で荒廃したが時間をかけて再生され、現在でも、四季折々の眺めは格別。2017. 12. 21.

▼ *Zizyphus sativa* Gaertner. Tokyo Botanic Garden. Old tree. Height 25 ft. Circumference 8 ft.
サネブトナツメ　小石川植物園　樹高7・6m　幹周2・4m　古木　1914.03.27.

小石川植物園

▲現況写真　中国から唐船で持ち帰ったとされる御薬園時代の薬木。1727（享保 12）年に植栽された記録が残る。乾燥させた実は強壮、鎮静作用がある生薬に使われた。ウィルソン撮影の 3 年後、1917（大正 6）年の大暴風で倒れたまま、今に至っている。状態は良好で枝葉も茂る。直立できなくなっても懸命に生きている姿は感動的だ。2017. 12. 21.

1722（享保 7）年に設立された小石川養生所は明治維新で廃止されるまで、困窮民の救済施設として機能していた。当時、使われていた井戸が遺構として残されている。関東大震災の時には、被災者の飲料水として役立ったという。2018. 12. 13.

《コラム》

御薬園から開かれた植物園へ

植物園とは、不思議な空間である。いわゆる公共的な公園とは異なる。かといって研究だけの施設と言い切るには外部に対してあまりにオープンである。

そこには、世界から集められ植栽された草木が手厚い保護を受けながら生育し、さまざまな研究の対象とされ、温室には熱帯、亜熱帯地方の珍しい植物が揃えられている。一般人の感覚からすれば、春のサクラや秋の紅葉を楽しめる名所であり、異国の植物を鑑賞できる場所であり、また涼や緑を求めて思索の時間や心の癒しを満たされる空間でもあるだろう。

世界のたいていの植物園の起源がそうであるように、現存する日本最古の植物園である小石川植物園もルーツは薬園だった。1684（貞享元）年に徳川家が設けた幕府直営の御薬園（おやくえん）が始まりで、漢方薬の原料となる薬木薬草が中国、朝鮮半島や台湾などから移植された。また、江戸時代のプラント・ハンターこと「採薬使」が国内各地から集めた薬用植物も栽培された。

1722（享保 7）年には生活困窮民に医療を提供する養生所（施薬院）も設けられた。山本周五郎の小説「赤ひげ診療譚」と、それをもとにした黒沢明の映画「赤ひげ」の舞台になったことでも知られている。園内の中央あたりに当時使われていた井戸の跡が残されている。また、園の奥に広がる日本庭園はかつての大名屋敷の庭園がそのまま利用されたものだ。ウィルソンは、自然の地形を生かした日本の造形技術の奥深さにも関心を寄せた。

ウィルソンが撮影した古木のなかには、古くは薬用として重宝され、現在も残る古木もある。その一つ中国原産のサネブトナツメは、100 年前の写真のなかでもすでに傾きかけている様子がみられるが、その後強い風雨を受けて完全に横たわってしまった。普通の公園であればとっくに処分されてしまう状態にもかかわらず、ここでは竹柵で大切に保護され、今なお元気に歴史の証人としての役目を担っている。

植物を薬用として研究した中国由来の本草学から、植物科学の殿堂へ。小石川植物園ではさまざまな困難に出会いながらも命を継いできた樹木や風景が、その長い歴史を語り続けている。

《コラム》

ウィルソンが交流した日本人植物学者

ウィルソンは日本人通訳一人だけを伴って日本列島を歩き回り、行く先々で協力者や助手を得ながら植物採集や写真撮影をした。そのための情報収集と旅の便宜を得るための拠点としたのが小石川植物園だった。同園は明治時代に東京大学附属の研究植物園となり、急ピッチで推進されていた植物研究と教育体制の核となっていた。

「日本人植物学者たちは大変、礼儀正しく親切で、心のこもった歓迎を受けた」

ウィルソンが訪れた頃は、40室を越える研究室で植物学者たちが西洋の背中を追いかけて日夜、研究活動に邁進していた。植物園初代園長の松村任三、台湾の植物研究の一人者の早田文蔵、朝鮮の植物の研究で知られる中井猛之進、日本植物分類学会創立者の小泉源一、天然記念物の概念を広めた「桜博士」こと三好学、そして「植物学の父」と呼ばれる牧野富太郎など、日本近代植物学の黎明期を担った名だたるメンバーがそこに在籍していた。

なかでも学歴社会に背を向け独学で道を究めた牧野富太郎とウィルソンは、似通った経歴を持つだけに共感することが多かったようだ。交流を深めるなか、互いの仕事を意識し、尊敬し合っている様子が双方の著述のなかに見られる。

ウィルソンは旅の途中で何度もこの植物園に立ち戻り、1914年には通算7回も訪れて標本を交換するなど日本人学者と親交を深めた。同年12月19日には、植物学教室を訪れ、東京植物学会例会において「支那および東部北アメリカの温帯森林植物区系比較」という演題で講演をした記録が残っている。同時に、「標本の数は乏しく、不完全。図書館は貧弱。新種の発見だけにあまりに力を注ぎ、基本的な研究がおろそかにされている」と、手厳しい見解も残している。日本の植物学は、世界を視野にした開拓者の努力がようやく実を結ぼうとしつつあった時代であった。

関東大震災の直後には小石川植物園は焼け出された被災者の収容所となり、ソメイヨシノなどが立ち並ぶ広場は長期間バラック小屋に占領された。昭和に入ってからは研究組織の大部分が移転し、植物園と教室が一体となった研究施設としての性格は薄まった。続く戦災で温室が焼失し、雑草がはびこり荒廃した。本格的な復旧のめどが立ったのは1964（昭和39）年、東京オリンピックの年のことであった。

理学部植物学教室の教授であった柴田佳太が寄付した基金により、生理化学研究室として1919（大正8）年に建設された柴田記念館。小石川に残るもっとも古い建物で、ウィルソンが訪れた頃に立ち並んでいた研究棟を彷彿とさせる。2018. 12. 13.

▶ *Rhododendron obtusum* var. *sakura-kagami* Hort. Mr. Oishi's garden. Totsuka-mura, Saitama province.
クルメツツジ（桜鏡） 盆栽 埼玉郡戸塚村 大石氏の庭 1914.04.29.

戸塚村

戸塚村（現埼玉県川口市）で園芸店を営み、園芸研究雑誌にもよく寄稿していたツツジ研究家の大石進氏の庭で撮影されたものと思われる。ウィルソンが“プリンセス”と最初に出会った場所。クルメツツジの品種は多く、それぞれに日本風の名前が付けられている。

第５章

Kingdom of Gardening
園芸の都

日本の庭師たちの高い技術は
海外へも輸出されていた。

戸塚村

モウソウチクは18世紀に中国から琉球王国経由で薩摩藩にもたらされ、全国に広まったとされる。鹿児島の仙巌園で見かけて以来、渡来のいきさつに興味を持ったウィルソンは、「最も信頼できる友」である牧野富太郎から竹の種類について多くを学んだと記している。

◀ *Phyllostachys mitis* Riv. Totsuka-mura, Saitama province. Showing young shoots.
モウソウチク　埼玉郡戸塚村　若芽のタケノコが発芽している　1914. 04. 29.

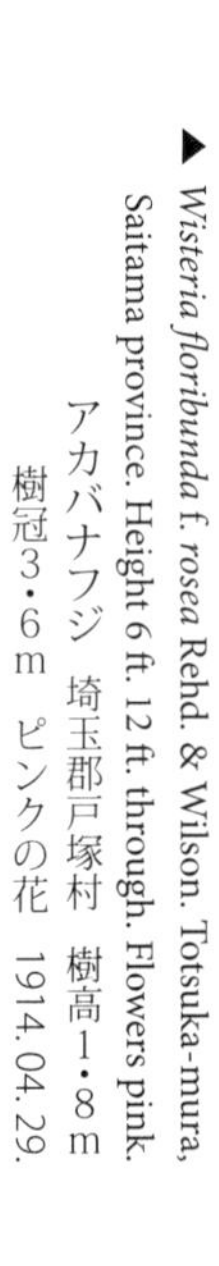

▶ *Wisteria floribunda* f. *rosea* Rehd. & Wilson. Totsuka-mura, Saitama province. Height 6 ft. 12 ft. through. Flowers pink.
アカバナフジ　埼玉郡戸塚村　樹高1・8m　樹冠3・6m　ピンクの花　1914. 04. 29.

X218

戸塚村

接ぎ木に使われた台木が大きくなったもの。江戸時代から行われていた日本の接ぎ木の技法にウィルソンは大きな関心を示した。

▶ *Wisteria floribunda* f. *macrobotrys* Rehd. & Wilson. Tokaen's garden, Kasukabe. On trellis, covering 200 sq. ft.
ノダナガフジ（野田長藤）　藤花園　粕壁（現春日部市）　18・6㎡の藤棚に広がる　1914. 05. 06.
藤棚の下で花見をする人の姿が見える。当時、藤花園では茶屋などの出店が出ていた。

◀ *Prunus lannesiana* f. *mazakura* Wilson. Totsuka-mura. The Cherry used by Japanese as stock for grafting their double-flowered varieties.
マザクラ（真桜）の接ぎ木　埼玉郡戸塚村　八重の栽培種を育生するために使用　1914. 04. 29.

x228

▲ *Wisteria floribunda* f. *macrobotys* Rehd. & Wilson. Tokaen's garden, Kasukabe. Flowers purple; racemes 3.5 ft. long.
ノダナガフジ　藤花園　粕壁　花の色は紫　花房の長さ 1m　1914. 05. 06.

春日部

▼現況写真　樹齢 1200 年と言われる九尺藤。1928（昭和 3）年文部省指定特別天然記念物に指定され、1955（昭和 30）年には国指定特別天然記念物となる。藤棚は成長に合わせて随時、拡張されてきた。現在の花房の長さは最長で 2m にもなる。2018. 04. 24.

春日部

▲現況写真　周囲 10m 近い大きさを持つ巨大な幹の基部。これが藤棚一帯に広がる花房を支えている。数本に分枝し、節くれてねじ曲がっている。千年という長い時間を生きてきたのは、ボランティアで手入れを続けている地域住民の努力の賜物である。2018. 04. 24.

▼ *Wisteria floribunda* f. *macrobotrys* Rehd. & Wilson. Tokaen's garden, Kasukabe. Basal part; said to be 1000 years old; the whole 32 ft. round.
ノダナガフジ　藤花園　粕壁　幹の基部　周囲 9.8m
樹齢千年と言われている　1914. 05. 06.

▼ *Wisteria floribunda* f. *macrobotrys* Rehd. & Wilson. Kamata Iris garden. Racemes 50-56 in. long, flowers purple.
ノダナガフジ　蒲田菖蒲園　花房の長さ1・3〜1・4m　花は紫色　1914. 05. 12.

蒲　田

1902（明治35）年から1921（大正10）年まで存在した蒲田菖蒲園（大田区）は、一万坪の広大な敷地に四季折々の植物が植栽された人気の観光地だった。蒲田には町工場が多数あり、東京飛行場（現羽田空港）にも近いこともあって、1945（昭和20）年の空襲で全区のほぼすべてが焼失するほどの被害を受けた。現在、菖蒲園の跡は蒲田小学校になっている。

◀ *Wisteria floribunda* var. *alba* Rehd. & Wilson. Kamata Iris garden. Racemes 24-30 in. long; flowers white.
シロバナフジ（白花藤）　蒲田菖蒲園　花房の長さ0・6～0・76m　花は白　1914.05.12.

館　林

◀ *Rhododendron obtusum* var. *hinode-giri* Hort. Azalea garden, Tatebayashi. Flowers scarlet. Height 7 ft.
ヒノデキリシマ（日の出霧島）　つつじが岡公園　館林　樹高２・１m　深紅色の花　1914.05.06.

館　林

▲現況写真　つつじが岡公園（群馬県館林市）は 17 世紀初頭から歴代城主や地域住民が守ってきた歴史あるツツジの名園である。ウィルソンは写真のツツジを「ヒノデキリシマ」としているが、枝の伸び方などからベニキリシマ（紅霧島）ではないかと思われる。撮影地点と推定される場所には現在、樹齢およそ 150 年のベニキリシマが立っている。座っているのは、木の同定をお願いした樹木医の熊倉弘氏。同公園には 100 品種以上のツツジが約 1 万本も植えられ、江戸時代の古い品種も保存されている。2018. 04. 24.

Wilson by store selling plants. 1917-1919. 植木屋の店先に立つウィルソン。(白いスーツ姿、東京郊外、場所不明)

Rhododendron obtusum in variety. Bed of Kirishima Azaleas. Hatogaya near Tokyo. キリシマツツジ苗圃　埼玉県鳩ケ谷　1914. 04. 29.

鳩ケ谷は戸塚、安行と並ぶ昔から植木の産地だった。九州からキリシマツツジを取り寄せて苗を育て、さまざまな栽培品種を生産していた。

《コラム》

植木屋が育てた園芸技術

園芸趣味が高じると単に植物を鑑賞するだけでなく、葉の形や花の色が異なる稀品を作り出すことに尋常でない情熱を注ぐ人が生まれ、それらを高値で買う人も現れる。

サクラ、ツツジ、アサガオ、ツバキ、ボタン、キクなど、江戸時代には多くの花の栽培品種が作り出され、独自の発展を遂げた。その基礎を作ったのは、江戸城を中心に数多くあった大名屋敷だったといわれる。広大な庭園には、植木の生産、作庭や維持管理に関わる「植木屋」と総称された技術者が必要とされた。そしていつしか、盆栽を始め、さまざまな植木を生産する専門家集団がその周りに自然発生的に生まれていった。

江戸も後期になると、庶民の間でも庭木を育てる余裕が生まれ、寺社の参道や繁華街の路上には植木屋の仮設店舗が並んだ。やがて染井村界隈で、土地を持った植木屋が多品種の植木や花木を栽培しながら常設の店舗を持ち始めるようになった。こうして大名から町人、農民までが、庭を造ったり、鉢植えを楽しんだりするようになり、水準の高い技術と美意識が日本の地に育っていった。

「日光に行く途中、東京の郊外にある苗種園を訪れた」と、ウィルソンは1914年5月のアーノルド樹木園宛ての手紙に記している。写真の記録を見ると、埼玉県の戸塚、鳩ヶ谷、春日部、そして群馬県の館林といった地域に立ち寄っているのがわかる。

植木供給地の控えとして発達した日光御成街道の宿場町、現在の川口市東部地域では大都市・東京の需要に応えるべく植木屋が軒を並べ、大正の頃には全国的な流通の拠点となっていた。さらには挿し木、接ぎ木、根巻きや仕立てなどといった伝統の技を基に積極的に海外に販路を広げ、国際的な園芸貿易に携わる人材も生まれつつあった。

ウィルソンが訪れたときには、「藤花園」の樹齢千年のフジや、「つつじが岡公園」の敷地に広がる多種多様なツツジもちょうど満開の頃を迎えていた。

「多くの世紀にわたって、園芸を楽しんできた日本人の心に触れた」

ウィルソンは著書で、盆栽や品種改良などに見られる秀でた園芸技術も紹介している。

現在、日本の伝統ともいえる園芸植物の多くが、絶滅の危機にある。ウィルソンが来日した頃に栽培されていたツツジの園芸品種も半数近くが失われたと考えられている。

《コラム》

海を渡ったウィルソン50

「ツツジの王国に君臨する美女、プリンセス・クルメがこの街にやってきて、みなさまに王室の扉を開くことをここにご案内します。誰しもがただちに彼女の崇拝者になることでしょう。最初の恋人であり、スポンサーであり、庭師である私は、彼女の宇宙の単なる原子にしかすぎません」

1920年、ウィルソンにしてはおおげさで装飾的な前口上を添えて開催されたボストンでの展示会は大成功に終わった。そこには、ウィルソンの手で日本から太平洋を越え、大陸横断鉄道に乗ってアーノルド樹木園に運ばれたクルメツツジの盆栽50株がさまざまな色合いの花を咲かせて並べられていた。

ウィルソンが“プリンセス”と運命的な出会いを果たしたのは、戸塚村で園芸店を営み、ツツジの研究家でもあった大石進の庭先だった。鉢のなかで枝いっぱいに咲く白い花は気位の高い皇女ごとく、空に向かってりんと首を掲げていた。

以来、クルメツツジと呼ばれていたその花の稀に見る美しさは、ウィルソンの頭から離れることはなかった。1918（大正7）年5月3日、2度目の来日の折にチャンスが訪れた。台湾の旅から帰るとすぐに、福岡県久留米市の赤司廣樂園まで足を延ばし、さらには起源地とされる南九州の霧島山にも登っている。

「繊細な色に染まったその魅惑的な美の世界は、私の予想をはるかに超えていた。欧米の園芸愛好家はこの美をまだ知らないと気づいた時、思わず息が詰まる思いがした」

赤司喜次郎が運営する庭園は、年月をかけて改良された多種類のツツジの品種で埋め尽くされていた。まさに日本の庭師の技術と忍耐の記念碑ともいうべき芸術品の数々がそこにあった。ウィルソンは喜次郎を説得して約120鉢の盆栽のクルメツツジを購入すると、細心の注意を払って梱包させボストンに送った。そのうちの厳選された50株が展示会で披露されるや「ウィルソン・フィフティ（50）」と称されて大喝采で迎えられた。

その後、日本では外来種に押されクルメツツジの需要は下降線をたどった。海を渡ったウィルソンのプリンセスもいつの間にか散逸し、アーノルド樹木園から姿を消したようだ。ニューイングランドの寒い気候が肌に合わなかったのか、あるいは忠実なる庭師が別れも告げずに突然、この世を去ってしまったからなのかもしれない。

ウィルソンが所持していた横浜植木株式会社の海外向けカタログ（1913-1914年度版）。同会社の鈴木浜吉社長はウィルソンを久留米まで案内した。1891（明治24）年創業でロンドンやニューヨークにも支店を持ち、1912（大正元）年に米国ワシントンのポトマック河畔に贈られたソメイヨシノの苗木も出荷している。

▲ Sapporo Brewery Beer Garden. Formerly the grounds of a Daimio's palace.
札幌麦酒のビアガーデン　旧大名屋敷跡　1914. 04. 06.

吾妻橋

▼現況写真　隅田川沿いのかつての佐倉藩主堀田家向島別邸の庭園。1900（明治33）年に札幌麦酒（サッポロビール）が買収しビアガーデンを開設した。一帯は震災、戦災で大きな痛手をこうむり、現在は高速道路が河畔を走っている。浅草吾妻橋から見ると、アサヒビール本社ビル、墨田区役所などの高層ビルにスカイツリーの姿も見え、墨田川にはクルーズ観光船が行き来するなど近未来的な風景に変貌している。2018. 12. 28.

第６章

Holiday Resort

行楽地の賑わい

鉄道の発達とともに、
庶民が気軽に余暇を楽しむ時代が到来した。

◀ *Cryptomeria japonica* D. Don. Part of the famous avenue at Nikko. Trees 120 ft. tall. Altitude 600 m.

杉並木　日光　樹高36・6m　標高600m　1914. 06. 06.

日　光

▲現況写真　「世界一長い並木道」（ギネスブック）とされる将軍家や諸大名の日光参詣の道。幾度も伐採の危機に瀕したが保護運動が展開され、現在でも約12300本（2016年時点）のスギが立ち並ぶ。近年は自動車の排気ガスや周辺の開発の影響で倒木、枯損する木が増えている。2018. 11. 10.

二荒山神社

▲現況写真　二荒山神社の大鳥居をくぐった先の神門手前右側のスギの大木にコナラが着生している。スギナラ一緒に（好きなら一緒に）ということで「縁結びの神木」になっている。ウィルソンが撮影した時にも、すでに 聖域を表わす紙垂を付けたしめ縄が巻かれていた。2018.11.16.

▶ *Quercus glandulifera* Bl. Futaara Temple, Nikko. Growing from trunk of *Cryptomeria japonica* D. Don.
スギの幹に着生したコナラ　二荒山神社　日光　1914.05.13.

▼ Bronze torii and Futaara Temple with *Cryptomeria japonica* around. スギが取り囲む銅鳥居　二荒山神社　日光　1914. 05. 19.

二荒山神社

▲現況写真　1769（明和6）年造営の重要文化財。鳥居の柱に「寛政11年」と30年後に再建された時の刻銘が彫り込まれ、鳥居中央には「二荒山神社」の扁額が据えられている。日傘を手に鳥居の下に立っているのはウィルソンの妻エレン（右）と娘ミュリエルと世話係の女性。現在は、周辺のスギも成長し、鳥居の両側に新たに灯籠が設置されている。1999（平成11）年、東照宮、輪王寺とともに世界遺産に登録された。2018. 11. 16.

▲ Pagoda at Ieyasu Shrine, Nikko, with *Cryptomeria japonica.*　スギと五重塔　東照宮　日光　1914.05.13.

東照宮

▲現況写真　火災で一度焼失し、1818（文政元）年に再建されたのが現在の五重塔。高さ36mの極彩色の華麗な塔で、免震性に優れた工法で建てられ、その技術は東京スカイツリーの制振システムにも応用されたことで知られる。100年前と比べ、塔の左右のスギが大きくなっている。重要文化財。2018.11.16.

東照宮

▲現況写真　東照宮の正面、石段の上に立つ一の鳥居。通称「いしとりい」。1618（元和4）年造営。黒田長政が福岡から運んだ15個の石が積み上げられ、鳥居の柱には寄進日、黒田長政の名前、日光に至るまでのルートが刻まれている。度重なる地震にも耐えて、現在も変わらぬ姿を見せる。ちなみに、東照宮一帯は戦災をまぬがれている。重要文化財。2018. 11. 16.

▼ Granite torii and entrance to Ieyasu Shrine, Nikko, with *Cryptomeria japonica*.
スギと花崗岩の鳥居　東照宮　日光　1914. 05. 19.

xb12

◀ *Chamaecyparis obtusa* S. & Z. Near Kwannon Temple, side of Lake Chuzenji, Nikko region. Girth 19 ft.
ヒノキ　中禅寺湖畔の立木観音（中禅寺）境内　日光　幹周５・８ｍ　1914. 05. 29.

中禅寺

▲現況写真　カツラの木に立木のまま刻まれた千手観音像を本尊とする寺院で1902（明治35）年の男体山の山津波で被害を受け、現在地の中禅寺湖東岸に再建された。写真は寺院入り口から50mほどいった左方にあるヒノキ。木の根元にあった樋は湧水を流すものだったのか。今は暗渠となり「延命水」の看板が立っている。2018.11.10.

▲ Entrance to Iemitsu Temple, Nikko, with *Cryptomeria japonica*.
スギと家光廟大猷院入口　日光　1914. 05. 13.

輪王寺

▼現況写真　輪王寺の境内、三代将軍徳川家光が眠る廟所「奥の院」に至る最初の門である仁王門。石段を登りつめた門の左右には「金剛力士像」が祀られている。1653（承応 2）年創建。手前左は丹塗りの高欄（手すり）に囲まれた法華堂。石段に立つウィルソンの妻子らの姿を興味深げに見つめる人々の姿が写っている。2018. 11. 16.

輪王寺

▲現況写真　仁王門の手前、前ページの右端に見えるスギにレンズを向けたもの。石段だったのが、今は緩やかな坂道になり、二荒山神社につながっている。ウィルソンの写真左に、着物、日本髪、下駄姿に洋傘をさした大正初期ならではの女性参詣者の姿が見える。2018. 11. 16.

▲*Cryptomeria japonica* D. Don. Nikko. Showing trunks.　スギ　日光　1914.05.19.

▼ Nantai-san with lake and village of Chuzenji in foreground. Nikko region.Taken from altitude 1600 m.
男体山　中禅寺湖と湖畔の村　日光　標高１６００ｍから撮影　1914. 06. 04.

▲現況写真　日本百名山のひとつ、二荒山神社の境内地として登記されている円錐形の山体の火山。古くから山岳信仰の対象として知られ、山頂には二荒山神社の奥宮がある。中善寺の近くにある現在の中禅寺湖遊覧船乗り場辺りから撮影。山裾の湖畔に立ち並ぶ建物の変化に時の流れが感じられる。明治中期から昭和初期にかけて、中善寺湖畔には西洋風ホテルや各国の大使館別荘が建設され、外国人の避暑地としてにぎわった。ウィルソンの記述には標高1600 mとあるが、当時の計測器は精度が悪く、現在の実際の湖面標高は1269 m。2018. 11. 10.

男体山

▼Kegon Waterfall. Near Lake Chuzenji, Nikko region. 華厳の滝 中禅寺湖 日光 1914.05.31.

華厳の滝

▲現況写真　日本三大名瀑のひとつ。1986（昭和61）年、滝口の一部が崩落したため、形が少し変化している。撮影地点までウィルソンは険しい道を辿ったと思われるが、現在はエレベーターで観瀑台まで下りることができる。2018.11.10.

江の島

▲現況写真　1615（慶長 19）年頃創業とされる老舗旅館「恵比寿楼（現恵比寿屋）」の玄関前の藤棚。古くから観光名所であった江の島では、通りを挟んで立つ岩本楼とともに代表的な存在だった。昭和になってから火災で全焼、再建された。記録類も失われたが、看板だけが昔のまま残されている。2018. 04. 25.

▲*Wisteria floribunda* DC. Enoshima. On trellis 25 ft. long, 12 ft. wide.　フジ　江の島　長さ7・6m、幅3・7mの藤棚　1914. 05. 04.

▼ *Machilus thunbergii* S. & Z. Seashore, Enoshima. Tree 35 ft. x 10 ft.; crown 35 ft. through. *Pinus Thunbergii* Parl. to left.
タブノキ　江の島海岸　10・7m×3m　樹冠10・7m　左にクロマツ　1914.05.05.

江の島

▲現況写真　江の島の仲見世通りを登って左、児玉神社が立つ高台から湘南海岸を望んだ風景。遠方に稲村ケ崎が見える。昔は、すぐ下方は海だった。現在、同じ地点から見下ろすと、ヨットハーバーが広がっている。1964（昭和39）年のオリンピック開催に合わせて埋め立てられ、地形が大きく変わった。2020年の東京オリンピックではセーリング会場に予定されている。2018.04.26.

x249

箱　根

▲ *Alnus hirsuta* var. *sibirica* Schneid. Near Hakone. Height 25 ft. Circumference 5 ft.
Prunus lannesiana f. *albida* Wilson behind.
ヤマハンノキ　箱根近辺　樹高 7.6m　幹周 1.5m　後ろにオオシマザクラ　1914. 04. 17.

Prunus incisa f. *serrata* Koidz. Miyanoshita. Height 18 ft. ▶
マメザクラ（推定）　箱根宮ノ下　樹高 5.5m　1914. 04. 17.

ウィルソンは箱根宮ノ下の富士屋ホテルに宿泊して、周辺の樹木を写真に撮った。

鎌　倉

◀ *Pinus thunbergii* Parl. Grounds of Kaihin-in Hotel, near seashore. Kamakura. Height 50-60 ft.
クロマツ林　鎌倉海浜院ホテル海辺近くの敷地　樹高 15-18 m　1914. 05. 11.

サナトリウムからホテルへ転換した鎌倉海浜院ホテルは、終戦直後の火災によって姿を消し、再建されることはなかった。かつて由比ヶ浜に林立していた松林も失われた。

▼ *Rhododendron rhombicum* Miq. Miyanoshita. With lantern.
Height 10 ft. Double red Peach behind to right.
コバノミツバツツジ　箱根宮ノ下　提灯がぶら下がっている
樹高3m　後方から右にかけて八重の赤い桃　1914.04.17.

箱根登山鉄道（大正8年開通）の宮ノ下駅あたりの風景と思われる。温泉町の風情が感じられる。

X182

▶ *Prunus serrulata* var. *spontanea* Wilson. in full flower. Woods around Miyanoshita.
ヤマザクラ　満開　箱根宮ノ下周辺の森　1914. 04. 17.

富士屋ホテルと八千代橋の間の高台から。左奥に見える集落が木賀温泉。

▼ *Prunus lannesiana* f. *albida*. Miyanoshita. Tree 18 ft. x 1.5 ft. *Chamaecyparis pisifera* Endl. behind.
オオシマザクラ　箱根宮ノ下　樹高5・5m　幹周0・46m　後ろにサワラ　1914. 04. 17.

箱根宮ノ下

▲現況写真　富士屋ホテルから歩いてすぐの所にある蛇骨川にかかる八千代橋のたもと。一緒に写っているのは地元の案内人か。橋が作られたのは1907(明治40)年頃。好奇心に満ちた眼差しを向ける人々がたむろする建物は当時、この辺りにあった「つたや旅館」の付属の建物と思われる。橋は関東大震災で崩壊した後に何度か建て替えられ、位置が当時と微妙に異なる。たもとに立つ現在のサクラが同じ個体か否かの検証は難しい。2018.04.25.

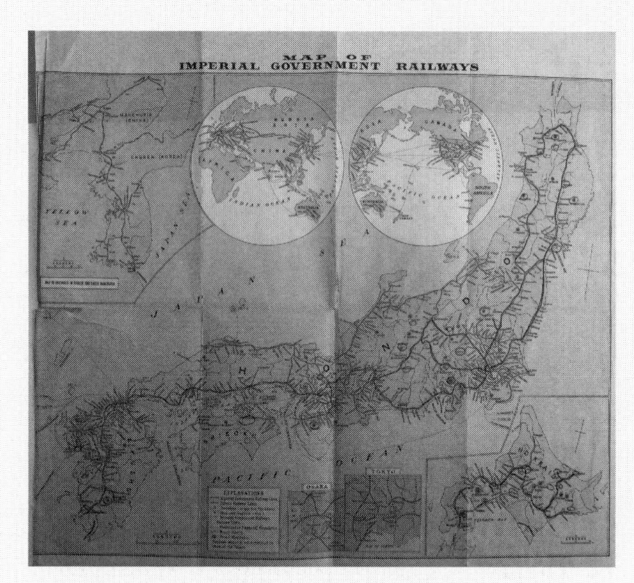

大日本帝国の鉄道路線図（Map of Imperial Government Railways）
ウィルソンが日本の旅で携帯していた地図。東アジアにも広がる鉄道網は、日清・日露戦争を経て大陸に野心を強めた日本帝国主義の植民地政策の軌跡でもあった。

《コラム》

郊外へ、鉄路が運んだ旅

明治以降、産業振興を後押しする目的で、国家的事業として鉄道路線が延ばされていった。やがて力をつけてきた民間資本が私鉄の路線を担うようになると、東京を基点とする鉄道ネットワークが全国に張り巡らされた。

かつての江戸の庶民にとって最大の楽しみは、芝居見物に両国の花火、そしてお花見という日帰りの遊びだった。しかし、明治も後期になると市民生活や余暇の発達とともに、人々は列車に乗って寺社詣でや温泉巡りを兼ねて観光を楽しむようになった。

ウィルソンが日本を旅するきっかけとなったのは、この鉄道の存在が大きかった。1911年の最後の中国探検で右脚に障害を負い、フィールドを活動の場とする道を断念していた矢先、勇気づけられたのは列島を網の目のように走る線が描かれた『大日本帝国鉄道路線図』だった。驚くべきことに、鉄路は海を挟んで朝鮮半島、台湾、満州さらには国際連絡運輸でシベリアを経て欧州にもつながっていた。

「中国での過酷な旅に比べると、日本の旅は休暇旅行のようなものになるだろう」

ウィルソンはこの地図を携帯して精力的に駆け回った。訪れた場所には、彼自身の手で青い鉛筆の印がつけられている。

東京に滞在中も東海道線で鎌倉を経て箱根へ、また日光線で日光へと、ウィルソンの足は留まることを知らなかった。人気の景勝地には外国人の需要に応えるための西洋式ホテルも建設されていて、鎌倉の海浜院ホテル、箱根の富士屋ホテルなどにもウィルソンの足跡が残されている。

東京郊外に足を延ばす際には、時には家族を伴いだんらんを楽しんだようだ。特に、小石川植物園の分園があった日光には、1914年の初夏と秋に2回訪れ、通算1か月余り滞在して94点もの写真を撮っている。東照宮周辺で撮影された写真に、妻のエレンと8歳の愛娘ミュリエルの姿が写っているものも数点ある。ひとときの陽だまりのような時間が、そこにあったのかもしれない。

昭和になって自動車が普及し始めると、鉄道は徐々に整理統合され、東京オリンピックを契機に高速鉄道、高速道路の時代を迎える。交通の発展に伴って新しい時代の空気が移入されていくとともに、地方の香りが徐々に薄れていった。

Wilson on platform standing by door to train. Japan. 1917-1919
駅のホームで列車のドアの前に立つウィルソン（白いスーツ姿に帽子、場所不明）
ウィルソンは撮影機材や植物採集のための道具、標本作成用の携帯プレス機、高度計、コンパス、生きた植物を保存する箱などたくさんの荷物とともに鉄道を使って日本を旅した。

▶ *Prunus lannesiana* f. *albida* Wilson. Koganei. Height 20 ft. Circumference 4.5 ft.
オオシマザクラ　小金井　樹高6ｍ　幹周1・4ｍ　1914.04.09.

「白い花をつけ、香りがとてもいい」とウィルソンが記しているオオシマザクラ。移動に使ったのだろうか、当時は珍しい自動車が右に写っている。橋詰に電信柱が見えるところから、玉川上水北岸の五日市街道側の堤と思われる。

第７章

Spring Charm

武蔵野の春

東京の西部、多摩地区には
昔ながらの春が残されていた。

▶ *Prunus serrulata* var. *sachalinensis* Makino. Koganei. Trunk 11 ft. in girth.
ヤマザクラ（推定） 小金井 幹周３・４m 1914. 04. 13.

小金井

「日の出の櫻」と名付けられた白色大輪の美しいヤマザクラの幹。右の写真は反対方向から撮った全景か。五日市街道沿いに花見茶屋が並んでいる。小金井堤には、ヤマザクラなどのサクラが次々と花を咲かせ、長い期間にわたって花見を楽しむことができた。この著名な桜は、道路の舗装化、排ガスなどの影響で徐々に元気を失い、戦前に枯死したとみられる。

▶ *Prunus serrulata* var. *sachalinensis* Makino. Koganei, Musashi province. Height 65 ft. Circumference 11 ft. Crown 55 ft. through.
ヤマザクラ（推定） 武蔵国小金井 樹高20m 幹周3・4m 樹冠16・8m 1914. 04. 13.

▲ *Prunus serrulata* var. *spontanea* Wilson. Koganei. Height 45 ft. Circumference 7 ft.
ヤマザクラ　小金井　樹高 13.7m　幹周 2.1m　1914. 04. 09.

▲ *Prunus lannesiana* f. *albida* Wilson. Koganei. Height 30 ft. Circumference 4 ft.
オオシマザクラ　樹高 9.1m　幹周 1.2m　1914. 04. 13.

小金井

小金井橋南にあった「華丘香園（三田育種場小金井支場）」と推測される。

▲ *Prunus subhirtella* var. *autumnalis* Makino. In a nursery at Koganei. Height 10 ft. Crown 10 ft. through.
ジュウガツザクラ（十月桜） 小金井の種苗園にて 樹高 3m 樹冠 3m 1914. 04. 13.

▶ *Prunus subhirtella* var. *autumnalis* Makino.
In a nursery at Koganei. Height 9 ft. Crown 10 ft. through.
ジュウガツザクラ 小金井の種苗園にて
樹高 2.7m 樹冠 3m 1914. 04. 13.

▼ *Prunus serrulata* var. *spontanea* Wilson. General view of Cherry Avenue at Koganei, planted in 1735 by order of shogun Yoshimune.
ヤマザクラ並木　小金井　徳川吉宗将軍により一七三五年に植栽された（諸説あり）　1914. 04. 13.

小金井

▲現況写真　形状から梶野橋と思われる玉川上水に架かる橋から上流に向けて撮影。当時、開通したばかりの鉄道に乗って人々が小金井に花見に訪れ、沿道には店が立ち並んでいたという。街道が拡張された時に、多くの桜が切り倒された。現在は安全柵に遮られて土手に入ることはできない。手入れされなくなった堤には雑草が目につく。2018. 03. 29.

▶*Prunus serrulata* var. *spontanea* Wilson. Koganei. Height 45 ft. Circumference 8 ft. Crown 30ft. through.
ヤマザクラ　小金井　樹高13・7m　幹周2・4m　樹冠9・1m　1914. 04. 13.

小金井

地元の名産品を売っていたのだろうか。サクラの左横に出店が見え、その前に縁台も写っている。右奥に玉川上水に架かる橋が望める。

小金井のサクラは徳川吉宗の時代に植樹されて以来、雑木の伐採や苗木の補植など幕府の代官や地元の農民たちによって守られてきた。

八王子

ウィルソンは八王子から陣馬街道沿いを人力車で恩方村に向かったと思われる。茅葺と板葺きの建物が並ぶ街道沿いの民家で道を尋ねたのだろうか。写真右に人力車、左には家の塀のなかから顔を出す村の女性が見える。陣馬街道は古くは甲州街道の裏街道として利用され、武田軍が陣場を張った場所でもある。

◀ *Prunus subhirtella* var. *pendula* Tanaka. Ongata village. Height 40 ft. Circumference 3.5 ft.
シダレザクラ　恩方村（現八王子市）　樹高12ｍ　幹周1ｍ　1914.04.01.

▲ *Prunus subhirtella* var. *pendula* Tanaka. Ongata village. Height 60 ft. Circumference 10 ft.
シダレザクラ　恩方村浄福寺　樹高18m　幹周3m　1914.04.01.

浄福寺

▲現況写真　背景の山の稜線から撮影地点を確認していくと、同個体と推定される見事なシダレザクラにたどり着いた。浄福寺の駐車場を見下ろす石垣の上に立つ樹齢150年のサクラで、八王子八十八景にも選ばれている。野積み面だった石垣が、現在は新しくなっている。寺の裏山、標高360mの山の尾根上に1384（元中元）年築城の浄福寺城の遺構がある。2018.03.30.

皎月院

▲現況写真　墓地の中で薄ピンク色の花に染まっていたエドヒガン。前方に桑の木が見える。墓石はほとんどが新しく立て替えられていた。死者の霊を守るように立っていたサクラの姿はなかったが、木の右横にあった首なし地蔵が、新しい首を据えられて同じ場所に残されている。2018. 03. 30.

▲*Prunus subhirtella* var. *ascendens* Wilson. Kogetsu Temple, Ongata village. 55 ft. x 12 ft.
エドヒガン　恩方村皎月院　樹高16・8m　幹周3・7m　1914. 04. 01.

▼ *Prunus subhirtella* var. *pendula* Tanaka. Kogetsu Temple, Ongata village. Old tree. Height 30 ft. Circumference 10 ft. Crown 50 ft. through.
シダレザクラの古木　恩方村皎月院　樹高９・１ｍ　幹周３ｍ　樹冠15ｍ　1914. 04. 01.

皎月院

▲現況写真　1894（明治 27）年に火事で焼失し、ウィルソンが訪れた時は無人の寺だった。現在の住職の清水和彦氏（写真）の祖父が再建し、本堂が完成したのは 1926（昭和元）年。長い時間、寺のシンボル的な存在だったシダレザクラは火災を逃れ、その後も生き延びていたという。残念ながら、今から数年前に枯死し、切り株だけが残っていた。倒れた幹は、本堂の入り口に掲げられる山門額に利用され、新しい命をつないでいる。2018. 03. 30.

▲ *Prunus ansu* Komarou. School grounds, Ongata village. Height 25 ft. Circumference 4.5 ft.
アンズ　恩方村の学校校庭　樹高 7.6m　幹周 1.4m　1914. 04. 01.

八王子

▼現況写真　恩方村第一尋常小学校（現八王子市立恩方第一小学校）の校庭に立っていたアンズの木。深いローズ色の八重の花であった。当時の校舎だろうか左に茅葺の建物が見える。木の横でポーズをとっているのは、人力車の車夫とみられる。学校の設立は 1873（明治 6）年の恩方学舎にさかのぼる。2018. 03. 30.

▲ *Magnolia kobus* S. & Z. Hachioji. Height 30 ft. Circumference 7 ft. Head 30 ft. through.
コブシ　八王子　樹高 9.1m　幹周 2.1m　樹冠 9.1m　1914. 04. 01.
甘い香りを放つ純白の花を梢いっぱいに咲かせるコブシは、
田打ちの時期を告げる春の印だった。

▲ *Camellia japonica* Nois. Ongata village. Height 35 ft. Circumference 3 ft.
ヤブツバキ　恩方村　樹高 10.7m　幹周 0.9m　1914. 04. 01.
石碑が並ぶ畑地で赤い花を咲かせていたツバキ。
鍬を手に立つ地元の農夫の姿が写真奥に写っている。

《コラム》

多様なサクラに彩られた花見の名勝

「東京から数10マイルのところにある村、小金井にはよく手入れされたサクラの通りがある。満開の頃の風景は、決して忘れることはできない」

ウィルソンが書き残しているように、玉川上水の堤の両岸には通称「小金井桜」と呼ばれる美しい桜並木が続いていた。急激な人口増加に伴い飲料水を確保するために、武蔵野台地を流れ下り江戸城に至る全長43kmの水路が作られたのは4代将軍家綱の時代。その中流域の小金井に、8代将軍吉宗が1737（元文2）年に吉野（奈良県）や桜川（茨木県）からヤマザクラなどを取り寄せて植樹したのが小金井桜の始まりとされる。歌川広重や葛飾北斎の浮世絵に描かれ、文人の紀行文や観桜経路を示した絵地図が発行されると、小金井は江戸近郊随一のサクラの名所として注目を浴びた。維新後は明治天皇の行幸もあり、その人気は戦前まで衰えることはなかった。

1889（明治22）年4月、桜の開花にタイミングを合わせて新宿から立川まで甲武鉄道（現JR中央本線）が営業を開始。江戸っ子たちは争うように列車に揺られて小金井を目指した。鉄道会社は花見シーズンに臨時列車を増発し、往復割引切符も発行するなどの力の入れようだった。

小金井橋を中心に上下6kmにわたる桜並木の堤には、付近の農家が緋毛氈を敷いた縁台を出して茶屋を営んだ。その収入は1年分の農業収入に匹敵したと言われている。経済効果は大きく、まさに今でいう村おこしの核として桜並木が位置づけられていった。

ウィルソンを喜ばせたのは、ヤマザクラやカスミザクラなどの野生種のサクラが多数、立ち並んでいる様子だった。形や色が異なる花が時間差で咲き、滔々と流れる玉川上水の水面が白い影に覆われる景観は圧巻だった。ウィルソンが訪れた翌年に、歴史的名勝を守るために、小金井保桜会が結成され保護に乗り出している。1924（大正13）年には、史跡名勝天然記念物による国の名勝にも指定された。

小金井で日本古来のサクラの美しさに心を打たれたウィルソンは、より多くのサクラの種類を求めて、八王子や富士山麓方面にも足を運んでいる。山間の村では、寺社の境内や街道沿いの民家の庭にシダレザクラの大木が多く見られ、日本の原風景とも言える素朴で美しい春の風情に包まれていた。

▲ *Prunus serrulata* var. *spontanea* Wilson. Koganei. Height 40 ft. Circumference 5.5 ft.
ヤマザクラ　小金井　樹高12m　幹周1.7m　1914. 04. 13.
よく手入れされた水路の堤に沿う五日市街道。桜見物の客を狙った物売りだろうか、道の遠方に、天秤棒を担いで荷を運ぶ人の姿が見える。

《コラム》

小金井桜の昔と今

江戸時代から明治、大正時代にかけての小金井周辺は、開渠式水路の玉川上水に清冽な水が流れるのどかな田園地帯であった。しかし、関東大震災で多くの人が東京の西部へと移動し、列車の運行がそれに弾みをつけ人口が増え都市化が進んだ。1923（大正12）年の調査で1500本近くあったとされる小金井桜も、2年後にはその3分の2ほどに減少している。

昭和になり、戦時色が次第に色濃くなると、花見に興じる人々の姿が見られなくなった。1936（昭和11）年には、小金井保桜会もやむなくその活動を休止。戦後の混乱がひと段落した頃に桜祭りが復活するが、まもなく急激な開発の波が襲いかかってきた。23区に隣接するベッドタウンとしていち早く宅地化が進み、かつては畑や雑木林だった桜並木の周辺に住宅が立ち並んだ。茶屋で賑わった堤も頻繁に車が行き交うようになっていった。

1954（昭和29）年、玉川上水の堤の北側を走る五日市街道は、日米行政協定による道路の指定を受けコンクリート舗装となった。車両通行の邪魔になるサクラの木は伐採され、道路拡張の際にも根が切断された。その後、淀橋浄水場が閉鎖になり玉川上水への通水が停止されると、一気に水路や並木の荒廃が進んだ。

今日では、下水処理水の放流でかろうじて崩壊を免れた水路の両端に、鉄製の歩行者安全柵が張り巡らされている。人が立ち入ることができなくなった土手には雑木雑草が繁茂し、ウィルソンが見た風景は幻のように消えてしまった。1954（昭和29）年に開園した小金井公園に桜祭りの会場が移ってからは、人々の足も遠のいた。生き残ったサクラの木は排気ガスを浴びながらも点々と佇み、ひっそりと往年の盛観を偲ばせている。春ともなれば、年輪を重ねた老樹が華やかな花で身を包む姿が道行く人の目を楽しませてくれる。

小金井の桜並木は、1999（平成11）年には東京都の歴史環境保護地域に指定された。江戸時代から地元の人々が育ててきた貴重なヤマザクラを守るため、小金井市と市民が一体となった小金井桜復活事業も推進され、樹勢調査や苗木の補植など地道な活動が続けられている。

現在の五日市街道に佇むヤマザクラの老樹。写真右に歩行者用の安全柵が見える。柵の内側を流れる玉川用水の流れは細くなり、法面には雑木が繁茂している。2018. 03. 29.

ナチュラリストの生涯

2014年6月、ウィルソンの生まれ故郷であるチッピング・カムデンを訪れる機会に恵まれた。イギリス中央部に広がる丘陵地帯コッツウォルズの北にある小さなその町は、羊毛生産で栄えた頃の佇まいがそのまま保存されていた。ライムストーンの建物が並ぶ通りの一角に見逃すほどの小さな丸い看板が掲げてあり、そこがウィルソンの生家であることを示していた。近くにある「メモリアル・ガーデン」には、ウィルソンが世界中から集めた植物が植栽されている。園内に一歩に入ると、ひらひらと風に揺れるいくつもの白い苞葉に覆われた1本の木が目に飛び込んできた。それは、ウィルソンの人生の出発点となった"幻の木"、ハンカチノキ（*Davidia involucrata*）だった。

アーネスト・ヘンリー・ウィルソンは1876年2月15日、鉄道員をしていた父の元、6人兄弟の長子として生まれた。イギリスが第二次産業革命に突入して、数々の技術革新が起こると同時に都市に人口が集中し、地方が衰退していく時代のことだった。家計を助けるために、小学校卒業と同時に13歳から地元の園芸店で働き始めたのが、植物に興味を持つきっかけとなった。

16歳の時にバーミンガム植物園の庭師見習いとして迎えられ、そこで働きながら技術学校の夜学部に通い植物学の基礎を身につけた。5年後には優秀な成績が認められ、首都ロンドン市内にあるキュー王立植物園に雇用された。ウィルソンの将来の計画は、教員資格を修得して静かな故郷に落ち着き、幼い弟や妹を養っていくことだった。

その時、人生の転機がやってきた。ロンドンの有名な園芸商ヴィーチ商会が中国にプラント・ハンターを送る計画を立て、相談を受けたキュー王立植物園の園長は若干22歳のウィルソンに白羽の矢を立てたのだった。プラント・ハンターの任務は、未踏の地を巡り新種の植物を持ち帰ることにあり、肉体的にも精神的にも強靭さを必要とされるばかりでなく、身の危険を伴う仕事でもあった。当時、イギリスをはじめヨーロッパでは異国の珍しい植物の移入は大きな利益を生んでいた。富裕層の間で園芸熱が盛んで、特にハンカチノキは人々の垂涎の的だった。

1899年、ウィルソンは石油燃料の利用により深刻な大気汚染に見舞われていたロ

ハンカチノキ（*Davidia involucrata*）。初夏の短い間だけ花びらのような苞葉が白く色づく。

ウィルソンが紹介した数々の植物が植栽されている「メモリアル・ガーデン」入り口。生家から歩いて5分ほどのところにある。

E.H.Wilson with dogs in China. 1908. 中国探検中のウィルソン（右）と旅に同行した友人と愛犬２匹。

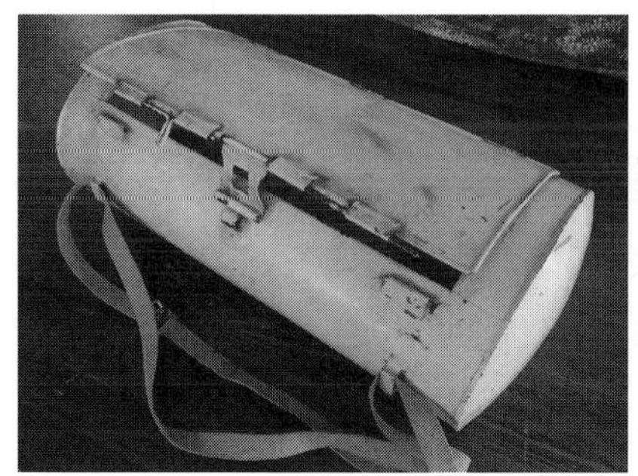

ウィルソン使用のブリキ製の胴乱。採集した植物を入れて歩いた。

ウィルソン使用の携帯用野冊。吸水用の新聞紙の間に植物を挟んだ。

ンドンを後にして、ボストン経由で香港に入り３年間にわたる中国探検（1899-1902）に出発した。そして、チベットとの国境地帯をくまなく歩き回り、見事にハンカチノキの種子を持ち帰った。この旅で大きな成果を収めたウィルソンは、その後プラント・ハンターとしてのキャリアの階段を一気に上りつめていくことになった。

帰国後、婚約者のエレンと教会で結ばれたものの、十分に休む暇もなく２回目の中国探検（1903-1905）に派遣された。渡された指示書には、やはりチベット国境にだけ咲くイエローポピー（*Meconopsis intergrifolia*）の種の確保が示されていた。数々の命の危機を乗り越えた2万 km の旅を経て、標高3300m の高山でウィルソンは目的の植物を見つけ、ヴィーチ商会から41個のダイヤモンドで装飾されたメダルを贈られた。

1906年５月には娘のミュリエルが誕生したが、愛娘の存在もウィルソンンをフィールドから引退させることはできなかった。第３回中国探検（1907-1909）、第４回中国探検（1910-1911）はアメリカのハーバード大学アーノルド樹木園の要請によるもので、前の２回と異なり、樹木の科学的な調査を主とした旅だった。休む暇なく立て続けに中国奥地を再訪したウィルソンは、その度に素晴らしい業績を残し続けた。

中国への最後の旅となった４回目の探検は、突然の土砂崩れのため右脚に大怪我を負うという大きな代償を伴うものだった。人里離れた医者もいない奥地での出来事だったが、ウィルソンはその手に旅の大きな使命のひとつであったリーガル・リリー（*Lilium regale*）の球根をしっかり握りしめていた。この美しいユリは、ウィルソンが西洋に紹介した数多くの植物のなかでも代表的な花となった。

アメリカのメディアは生死をかけた中国探検の偉業を褒め称え、ウィルソンはいつしか「チャイニーズ・ウィルソン」の名で呼ばれるようになり、英米の植物学会などから数多くの賞が授与された。各地で講演を行い、ラジオショーにも出演するなど最も人気のある「伝説のプラント・ハンター」として名声を馳せた。

その後は、アーノルド樹木園に身を置き、採集した植物の整理と著述に没頭した。しかし、プラント・ハンターとしての道を絶たれたウィルソンはデスクワークに満足できず鬱々とした気分に陥る日々が多かった。見かねた同樹木園のサージェント園長が提案したのは、日本への調査旅行だった。長い鎖国から世界に門戸を開いて半世紀を迎える極東の国は、植物学的にはまだまだ未知の領域であった。北から南まで張り巡らされた鉄道網の存在も脚に障害を持つ身には、大きな助けになりそうだった。

1914年2月、日本での植物調査に着手したが、その年の夏に第一次大戦が勃発し、1年でやむなく帰国の途に着いた。戦いの前線は膠着状態に陥り、ヨーロッパを二つに分断する総力戦が繰り広げられていた。イギリス本土もドイツ軍の空襲を受け、子供を含む民間人の命が多数犠牲になった。

「悪夢のような恐ろしい戦争が平和を破壊し、暮らしから安らぎを奪っている」

3年後の1917年、終わりの見えない戦争に背を向けたウィルソンは再び、日本の地に降り立ち、戦争が終結するまで帰ろうとはしなかった。

日本では「ウィルソン博士」と呼ばれ、名門ハーバード大学所属の学究肌の教授といったイメージを持たれているが、ウィルソンがハーバードの学位（M.A.）を授けられたのは、1回目の日本の旅から帰った翌年だった。信じがたいことだが、この時までウィルソンはアカデミックな資格を持っていなかった。20代初めから旅の人生を送ってきた彼には、大学で単位を修得する時間がどこにもなかったからだ。しかし、日本滞在中に誰も看破できなかったソメイヨシノの起源を突き止めたことなどにみられるように、植物に関する観察力、記憶力においては人並みはずれた才能を持っていた人であった。

1920年から1922年にかけてはオーストラリア、ニュージーランド、タスマニア、インド、ケニア、南アフリカなど世界の植物園を巡った。そこで、彼が目にしたのは木材の供給のために伐採されていく壊滅的な森林破壊の姿だった。

「自然のバランスが壊されようとしている。偉大なる自然の財産を近視眼的な欲望で喪失させてはいけない。次の世代のために、今の世代が生きていることを思い出すべきである」

ウィルソンは基本的には行動する人であり、フィールドワークが本領だったといえる。自然と接すること、そのために肉体的なチャレンジを楽しむことに

E.H.Wilson standing at the front entrance of the Hunnewell administration building at the Arnold Arboretum. 1922-09-25.
アーノルド樹木園フェンネル管理棟の玄関前に佇むウィルソン。

E.H.Wilson and Charles Sprague Sargent in front of the *Prunus subhirtella* at the Arnold Arboretum. 1915-05-02. アーノルド樹木園にて。日本から移植したエドヒガンの前に立つ園長のサージェント教授（右）とウィルソン。

何よりもの幸せを感じた。それゆえに、森の生態系保存の必要性や地球の将来に対する危惧についても、その著書や講演で発信し続けた人でもあった。

「時にして友人が言う。さぞかし厳しい困難に耐えながら地球を歩き回ってきたのだろうと。確かにそうだが、そんなことは私にとって何でもない。なぜなら、私は自然の広大な場所に住み、喜びを深く飲み干したのだから」

1927年からはアーノルド植物園園長に就任し、家族と共にニューイングランド近隣で小旅行を楽しむ静かな時間を楽しんだ。そして1930年10月15日、ボストン郊外で運転していた車が崖から転落し、ウィルソンは妻とともに突然この世に別れを告げた。事故の原因は、雨に濡れた枯葉に車輪がスリップしたことによるものだった。皮肉にも辺境の地において不死身だったプラント・ハンターが、自宅から100km弱の地で植物が原因となって命を落とすことになった。

20年以上住んだにも関わらず、ウィルソンはアメリカの市民権は取らなかった。最後までイギリス人であり続けることにこだわり続けた彼の遺志に基づき、遺骨はイギリス領カナダのモントリオールの霊園で眠っている。

ウィルソンは1000種以上の新しい植物を西洋に紹介したとされているが、いまだ誰も正確な数は把握できていない。欧米の植物園、公園、個人の庭などには、少なくても1種類は必ずウィルソンがもたらした植物が含まれていると言われる。54歳の短い生涯だったが、常にフィールドを活躍の場とし、精力的に植物と関わり続けた輝かしくも鮮烈なナチュラリストの一生だった。

遺産として残された多くの写真には、ウィルソンが生きた時代と、そこから洞察した未来への警鐘が込められている。

“Plant Hunting”
by E.H.Wilson 1927.
『プラント・ハンティング』
上下２巻、E.H. ウィルソン著、
プラント・ハンターとしての
経験を綴っている。

写真家としてのウィルソン

ウィルソンは19世紀末に商品化されたばかりのカメラをいち早くフィールドに活用した最初のプラント・ハンターであると言われている。標本やスケッチだけでは伝えきれない植物が自然に生息する姿を記録した功績は大きい。

日本での旅では、イギリスのサンダーソン社が高層の建物を撮影するために開発した当時最新鋭のフィールド・カメラを使用した。上面のフラップが開きレンズが上がる仕組みになっているため、背の高い樹木を歪みなく撮影するには最適で、また高品質な大量のデータを記録できた。乳剤を塗ったガラス乾板（15.5cm × 20.5 cm）に感光させ写し取られた画像は、詳細まで実に鮮明で美しい。

しかし装備はかさ張り、撮影は決して容易ではなかった。箱型蛇腹式のカメラ本体を収納する大きな箱に、丈夫な木製の三脚、それに壊れやすいガラスの板とそのホルダーを入れた重いケースを何箱も持って歩かなくてはならなかった。露光時間が長いため天候にも左右されやすく、1枚の写真を撮るのにも大変な努力を要した。光の当たり具合や風の強さも計算に入れて、入念に撮影の瞬間を捉えなければならなかった。

撮影ポイントもウィルソンは常に、注意深く長い時間をかけて選んだ。旅に携帯できるガラス乾板の数は限られ、チャンスは一度しかないことを知っていたからである。父親の旅に同行することもあった娘のミュリエルは、こんな言葉を残している。

「木の周りを歩き、異なる視点から何度も研究し、幹や枝の構成、角度など満足するまで入念に確認して最高の光の時を選んだ。この儀式は毎回、毎回繰り返された」

撮影したガラス乾板は慎重に荷造りされ、船便でロンドンのラボに送られた。ウィルソンは後日、すべての乾板を自分の管理の下で現像させたという。

ガラス乾板の右下にはウィルソンが手書きで記入したと思われる続き番号が入っている。さらには、現像後の画像の後ろに撮影日、撮影場所、植物の学名なども記入されている。それを手掛かりに撮影場所を探し出し、100年の風景の変化を考察していく過程には、ある種のなぞ解きの面白さがある。

考え抜かれた構図の美しさ、全体に流れる気品の高さなど、ウィルソンの写真は美術品としても高く評価されている。

Field Notebook (Feb.1914-Jan.1915)
日本の旅で使用したウィルソン手書きのフィールドノート。1ページ目の右上に「屋久島 1914年2月18日」の記述がある。植物名の前に記された数字は、標本の識別番号に符合している。

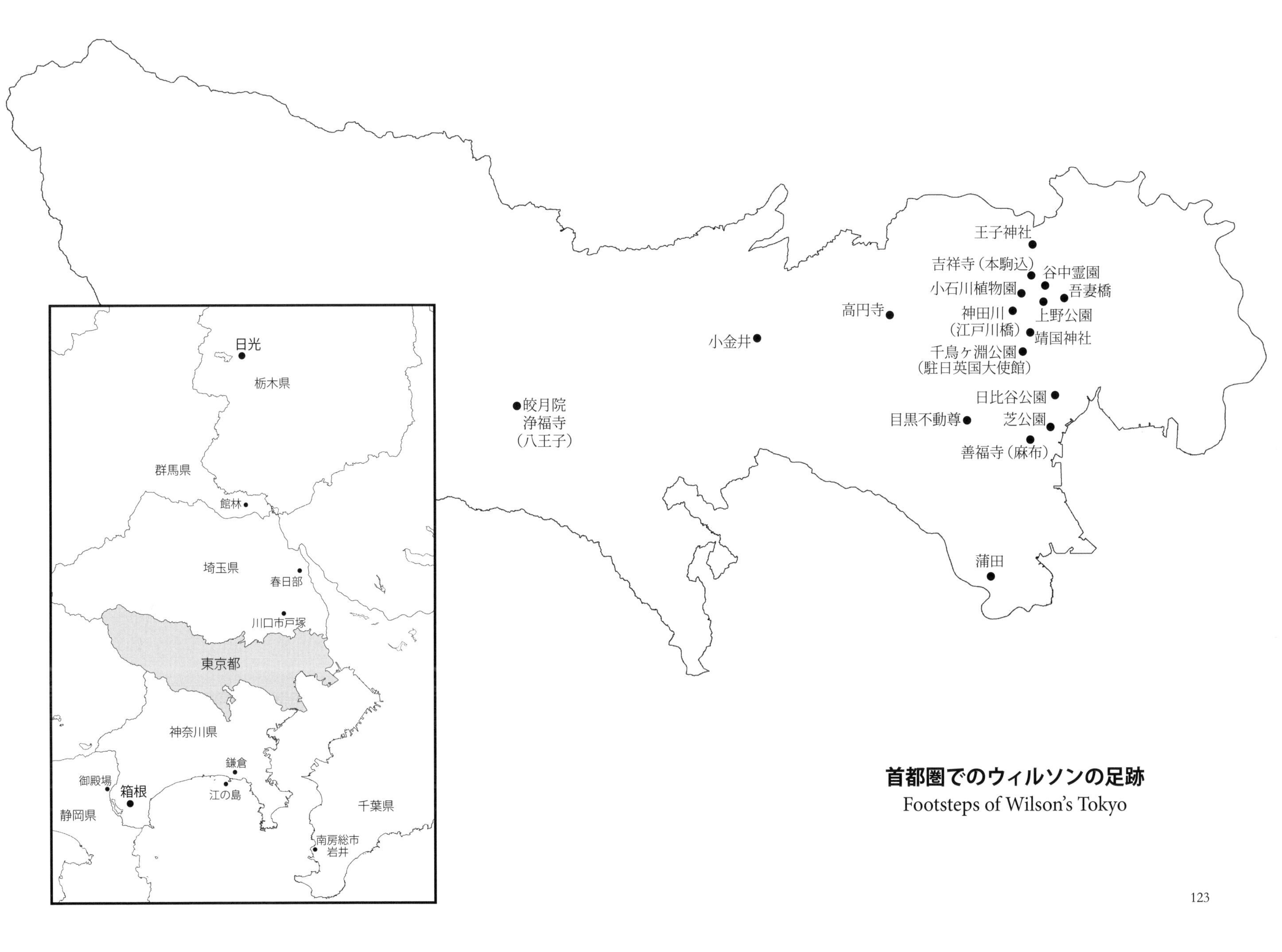

首都圏でのウィルソンの足跡
Footsteps of Wilson's Tokyo

ウィルソンの年表

Chronological Table

西暦	和暦	年齢	
1876	明治9年		2月15日、イギリス中西部グロスターシャー州の小村チッピング・カムデンに父ヘンリーと母アニーのもと6人兄弟の長男として生まれ、聖ジェームス教会で洗礼を受ける。
1883	明治16年	7歳	ウォリックシャー州ソリフル市シャーリーに転居後、小学校までの田園地帯をめぐる往復6km余りの通学路でさまざな樹木、草花を観察し、探検の真似事に熱中する。
1889	明治22年	13歳	小学校卒業と同時に家計を助けるため、地元の園芸店の下働きのボーイとなる。
1892	明治25年	16歳	推薦を受け、バーミンガム・ボタニカル・ガーデンに庭師として雇われる。エッジバストン地区に下宿。昼間は働き、夜はバーミンガム・テクニカル・スクール夜学部で植物学の基礎を学ぶ。
1896	明治29年	20歳	6月、バーミンガム・テクニカル・スクール夜学部上級クラスの試験で最高得点を取り、クィーンズ賞を獲得、奨学金を得る。下宿先の娘エレン・ガンダートンと懇意になる。
1897	明治30年	21歳	1月、首都ロンドンのキュー王立植物園に就職。王立園芸協会の植物学試験に合格し、国の奨学金を得て、サウス・ケンジントン王立科学学院植物学コースで学ぶ。
1898	明治31年	22歳	5月、サウス・ケンジントン王立科学学院植物学コースを優等の成績で卒業。エレン・ガンダートンと婚約。10月には王立大学で植物学の勉強を始める予定を立てる。 夏、キュー王立植物園3代目園長ウィリアム・ターナー・タイセルトン-ダイヤー卿の推薦でプラント・ハンターとして中国奥地への探検を決意。王立大学への進学を諦め、標本作りを学ぶために資金提供者の園芸商ヴィーチ商会の種苗園に滞在。同時に、植物の採集、保存、運搬方法などの実地訓練を熟練職人のもとで集中的に習得。
1899	明治32年	23歳	3月、ヴィーチ商会と3年間の中国探検を契約。 4月11日、リバプールを出港。アメリカのボストンに向かう。23日に到着後、ハーバード大学アーノルド樹木園園長チャールズ・サージェント教授から生きた植物を貨物船に乗せて運ぶ最新技術を学ぶ。同月28日、大陸横断鉄道でサンフランシスコへ。 5月6日、香港行きの船に乗る。
1899.6〜1902.4	明治32年6月〜35年4月		第1回探検。過酷な状況を克服して西中国のチベット国境で目的のハンカチノキを発見。種を持ち帰る。
1902	明治35年	26歳	6月、エッジバストンの教区教会でエレン・ガンダートンと結婚。
1903.1〜1905.3	明治36年1月〜38年3月		第2回探検。香港から上海に入り、主に高山植物を採集。標高3300mのチベット国境の山岳地帯で見つけた黄色いケシ、通称イエローポピーの種を持って帰る。
1906	明治39年	30歳	ヴィーチ商会から園芸界に貢献したことを讃えてメモリアル・メダルが贈呈される。ロンドン帝国科学院で植物学科のアシスタントとして働く。 5月21日、一人娘のミュリエル誕生。 12月、アーノルド樹木園園長サージェント教授から中国探検の依頼が来る。ガラス乾板カメラの使い方を学ぶ。
1907.2〜1909.4	明治40年2月〜42年4月		第3回探検。横浜経由で中国へ向かう。前2回の商業的価値のある植物の発見と異なり、樹木の科学的な植物調査に主眼が置かれた。
1909	明治42年	33歳	9月、アメリカへ妻子と渡る。ハーバード大学アーノルド樹木園で分類学と命名法の研究をする。
1910	明治43年	34歳	3月末、英国に戻り妻子を実家に預けると、アーノルド樹木園の要請で、シベリア横断鉄道を使って、再び中国へ旅発つ。
1910.6〜1911.3	明治43年6月〜44年3月		第4回探検。旅の目的は、中国中央から南西地域で針葉樹の果球と種を採集、そしてリーガルリリーの球根を持って帰ることだった。四川州高地でリーガルリリーを発見、球根を採集。 9月、成都で崖崩れに遭遇し右脚を複雑骨折。探検継続を断念する。

西暦	和暦	年齢	
1911	明治44年	35歳	アーノルド樹木園に身を置きながら、書籍出版、雑誌寄稿、講演、ラジオのトークショーにも出演。「チャイニーズ・ウィルソン」と呼ばれ、伝説のプラント・ハンターとしての名声を得る。中国で採集した植物の分類の仕事に携わる。
1912	大正元年	36歳	英国王立園芸協会からヴィクトリア・メダルを授与されるなど数々の賞を受ける。
1913	大正2年	37歳	11月『西中国のナチュラリスト』(A Naturalist in Western China) 出版。
1914.2～1915.1	大正3年2月～4年1月		第5回探検 。横浜に上陸後、屋久島からサハリンまで探検、主に日本の針葉樹、栽培種、園芸技術の調査を目的とし、特にサクラ、ツツジに注目。初めて妻と娘が同行し、東京や日光のホテルで合流して一緒に過ごす時間を持つ。 7月、第一次世界大戦勃発。 1月、予定を繰り上げて帰国の途に着く。
1916	大正5年	40歳	『日本のサクラ』(The Cherries of Japan)、『日本の針葉樹』(The Conifers and Taxads of Japan) 出版。ハーバード大学より修士の学位 (M.A.) を授与される。
1917	大正6年	41歳	『庭園の貴族』(Aristocrats of the Garden) 出版。
1917.2～1919.1	大正6年2月～8年1月		第6回探検。妻子と共にサンフランシスコから横浜に上陸。妻子を東京帝国ホテルに落ち着かせると、沖縄諸島、小笠原諸島を調査。 5月、韓国ソウルを拠点に、朝鮮半島、ウルルン島 (竹島)、チェジュ島 (済州島)、台湾を回る。 1918年4月、日本に戻り久留米を訪れてツツジの盆栽を購入。 6月、妻子がいるソウルに戻り、その後帰国の途につく。
1919	大正8年	43歳	3月、アーノルド樹木園での仕事を再開。 4月、館長助手になる。各種園芸雑誌に寄稿し、各地で講演をこなし全米的な人気を博す。
1920	大正9年	44歳	『木々のロマンス』(The Romance of Our Trees) 出版。

西暦	和暦	年齢	
1921	大正10年	45歳	『アザリアの研究論文』(A Monograph of Azaleas) 出版。ハーバード大学教授のタイトルが授与される。
1920.9～1922.4	大正9年9月～11年4月		オーストラリア、ニュージーランド、タスマニア、シンガポール、マラヤ連邦、インド、セイロン、ケニヤ、ローデシア、南アフリカなどへ18か月の旅に出る。植物採集ではなく、各国の植物園との交流を図るのが目的。妻子は英国に滞在。
1925	大正14年	49歳	『アメリカの偉大なる庭園』(America's Greatest Garden)『東アジアのユリ』(Lilies of Eastern Asia) 出版。
1927	昭和2年	51歳	『プラント・ハンティング』(Plant Hunting) 上下2巻出版。 3月、サージェント教授死去、樹木園の管理業務を引き継ぐ。『中国、母なる庭園』(China, Mother of Garden) 出版。
1928	昭和3年	52歳	『続・貴族の庭園』(More Aristocrats of the Garden) 出版。
1929	昭和4年	53歳	4月、娘のミュリエル、ニューヨーク州農業試験所で働く果実栽培研究家と結婚し、ニューヨーク州ジェネバに新居を構える。
1930	昭和5年	54歳	『樹木の貴族』(Aristocrats of the Trees) 出版。コネティカット州ハートフォード、トリニティ・カレッジが名誉科学博士号を授与。 10月15日、ミュリエル宅を訪れた後、ボストンの自宅へ帰る途中、雨で塗れた葉で車のタイヤがスリップ、12mの崖から転落。妻エレンと共に、この世を去る。 火葬後、2人の遺骨はイギリス領カナダのモントリオールの墓に納められる。

主な参考文献　References

―― 日本文資料　Japanese Sources ――

色川大吉『日本の歴史 21 近代国家の出発』中公文庫、中央公論社、1974 年
渡辺昇一『日本の歴史 明治篇 世界史に躍り出た日本』ワック、2016 年
毎日新聞社編『大正という時代「100 年前」に日本の今を探る』毎日新聞社、2012 年
竹村民郎『増補大正文化 帝国のユートピア』三元社、2010 年
海野 弘『1914 年 100 年前から今を考える』平凡社新書、平凡社、2014 年
ハーバード・G・ポンティング／長岡祥三（訳）『英国人写真家の見た明治日本』講談社、2005 年
吉村 昭『関東大震災』文春文庫、文藝春秋、2004 年
大曲駒村『東京灰燼記 関東大震火災』中公文庫、中央公論社、1981 年
野村正樹『鉄道地図から歴史を読む方法』河出書房新社、2010 年
オフィス J.B／旭 和則『地図と写真で見る 東京のれきし』双葉社、2015 年
松本四郎『東京の歴史　大江戸・大東京史跡見学』岩波ジュニア新書、岩波書店、1988 年
千葉正樹『江戸名所図会の世界 - 近世巨大都市の自画像』吉川弘文館、2001 年
竹内正浩『地図と愉しむ東京歴史散歩』中公新書、中央公論新社、2011 年
尾河直太郎／東京民報社編『史跡でつづる東京の歴史 明治大正編』一声社、1975 年
南谷果林『地図と写真から見える！江戸・東京』西東社、2014 年
正井泰夫監修『歴史で読み解く東京の地理』青春出版社、2003 年
石黒敬章『明治の東京写真』角川学芸出版、2011 年
田山花袋『東京の三十年』岩波文庫、岩波書店、1981 年
樫原辰郎『帝都公園物語』幻戯書房、2017 年
前島康彦『日比谷公園』東京公園文庫、東京都公園協会、1980 年
小林安茂『上野公園』東京公園文庫、東京都公園協会、1980 年
浦井正明『上野公園へ行こう 歴史＆アート探検』岩波ジュニア新書、岩波書店、2015 年
川上幸男『小石川植物園』東京公園文庫、郷学舎、1981 年
山口由美『箱根富士屋ホテル物語』小学館文庫、小学館、2015 年
勝木俊雄『生きもの出会い図鑑 日本の桜』学研教育出版、2014 年
勝木俊雄『桜』岩波新書、岩波書店、2015 年
勝木俊雄『桜の科学』サイエンス・アイ新書、SB クリエイティブ、2018 年
佐藤俊樹『桜が創った「日本」ソメイヨシノ起源への旅』岩波書店、2005 年
相関芳郎『東京のさくら名所今昔』東京公園文庫、郷学舎、1981 年
金井利彦『東京の老樹名木』東京公園文庫、郷学舎、1981 年
水原紫苑『桜は本当に美しいのか 欲望が生んだ文化装置』平凡社新書、平凡社、2014 年
館林市つつじサミット 2016 in 館林実行委員会『館林とツツジ』2016 年
桜井信夫『むさしの桜紀行』ネット武蔵野、2001 年
桜井信夫『名勝小金井桜の今昔』ネット武蔵野、2002 年
阿部菜穂子『チェリー・イングラム 日本の桜を救ったイギリス人』岩波書店、2016 年
A・M・コーツ／遠山茂樹（訳）『プラントハンター東洋を駆ける 日本と中国に植物を求めて』八坂書房、2007 年
飛田範夫『江戸の庭園 将軍から庶民まで』京都大学学術出版会、2009 年
近藤三雄・平野正裕『絵図と写真でたどる明治の園芸と緑化』誠文堂新光社、2017 年
椎野昌宏『日本園芸会のパイオニアたち』淡交社、2017 年
国立大学法人東京大学大学院理学系研究科附属植物園植物園案内編集委員会編『小石川植物園と日光植物園』小石川植物園後援会、2004 年
邑田 仁『我が国における研究植物園の足跡―小石川植物園』Foods & Food Ingredients Journal of Japan Vol.209 ／ Vol.210、2004 年・2005 年

―― 英文資料　English Sources ――

E. H. Wilson. *Correspondence 1899-1930 from Japan, Feb.1914-Jan.1915*. Archives of the Arnold Arboretum, Harvard University, Boston.
E. H. Wilson. *Correspondence 1899-1930 from Japan, Mar.1917-Feb.1919*. Archives of the Arnold Arboretum, Harvard University, Boston.
E. H. Wilson. *Field Notes on collected plants and seed, Feb.1914-Jan.1915*. Archives of the Arnold Arboretum, Harvard University, Boston.
E. H. Wilson. *Field Notes on collected plants and seed, Feb.1917-Jan.1919*. Archives of the Arnold Arboretum, Harvard University, Boston.
E. H. Wilson. 1913. *A Naturalist in Western China-with vasculum, camera and Gun*. Cambridge Library Collection, Cambridge University Press. New York.
E. H. Wilson. 1916. *The Cherries of Japan*. Cambridge Printed at The University Press, Boston, Mass.
E. H. Wilson 1916. *The Conifers and Taxads of Japan*. Cambridge Printed at The University Press, Boston, Mass.
E. H. Wilson. 1917. *Aristocrats of the Garden*. Doubleday, Page & Company, New York.
E. H. Wilson. 1920. *The Romance of Our Trees*. Doubleday, Page & Company, New York.
E. H. Wilson & Alfred Rehder. 1921. *A Monograph of Azaleas*. The University Press Cambridge, Boston, Mass.
E. H. Wilson. 1927. *Plant Hunting, Volume I & II*. University Press of the Pacific Honolulu, Hawaii.
E. H. Wilson. 1930. *Aristocrats of the Trees*. Dover Publications, Inc. New York.
Edward I. Farrington. 1931. *Ernest H. Wilson, Plant Hunter*. The Stratford Company. Bostin, Mass.
Alfred Rehder. *Ernest Henry Wilson*. Archives of Arnold Arboretum, Harvard University, Boston.
Richard A. Howard. *E. H. Wilson as a Botanist*. Archives of Arnold Arboretum, Harvard University, Boston.
Peter J. Chwany. *E. H. Wilson, Photographer*. Archives of Arnold Arboretum, Harvard University, Boston.
Gwen Bell *E. H. "Chinese" Wilson, Plant Hunter*. Seattle Washington Journal American Rhododendron Society.
Alice M. Coats. 1969. *The Quest for Plants: A History of the Horticultural Explorers*. Studio Vista Limited, London.
Michael Tyler-Whittle. 1970. *The Plant Hunters*. London.
Roy W Briggs. 1993. *'Chinese'; Wilson; A Life of Ernest H. Wilson 1876-1930*. The Royal Botanic Gardens, Kew, U.K.
Toby Musgrave, Chris Gardner, Will Musgrave. 1998. *The Plant Hunters*. Seven Dials, Cassell & Co. London.
Carolyn Fry. 2009. *The Plant Hunters -The Adventures of The World's Greatest Botanical Explorers*. Carlton Books Limited, London.

終わりに　Author's Note

屋久島から始まり、鹿児島、沖縄と続いた私のウィルソンの足跡を追う旅は、とうとう東京にたどり着いた。2018年10月から2019年3月までの東京新聞の連載をベースに、4月からの国立科学博物館の企画展に合わせて、関東地域でのウィルソンの写真とその撮影地点から見た「今」をまとめた。夢中になって遊んでいて、ふと目を上げたらモノクロームの世界に佇んでいる自分に気が付いたような感覚である。日が暮れるまで、一緒に遊んで下さった方々に心からお礼を述べたい。

ウィルソンが100年前に出逢った風景と人々―写真が語る大正日本の姿は興味が尽きず、旅路の終焉はまだ遠い。

2019年4月　古居智子

E. H. WILSON
COLLECTOR
ARNOLD ARBORETUM
EXPEDITION
TO JAPAN
1914

謝　辞（敬称略）　Acknowledgements

ウィルソン写真提供：ハーバード大学アーノルド樹木園

現況写真撮影　Current Photos：飯窪敏彦
［P29, 74, 76, 77, 79, 80, 81, 83, 84, 85, 87, 88］：五戸満雄
［P51］：邑田　仁

植物取材協力　Plant Adviser：
堤　千絵（国立科学博物館植物研究部）
邑田　仁（東京大学大学院理学系研究科）
熊倉　弘（熊倉樹芸研究所長・樹木医）

チーム・ウィルソン　Team Wilson：（50音順）
飯田　豊／梅基吉雄／大迫龍平／大澤真里／小山英子／小山誠也
川越保光／ステラ／田口　悟／田口有子／多田　哲／敦賀義郎
塔本邦彦／寺田仁志／柳澤　正／William Brouwer

取材協力・資料提供　Cooperation：（順不同）
ハーバード大学アーノルド樹木園（アメリカ合衆国マサチューセッツ州ボストン）　国立科学博物館（台東区上野）　東京大学大学院理学系研究科附属植物園（小石川植物園・文京区白山）　森林総合研究所多摩森林科学園（八王子市廿里町）　東京新聞（千代田区内幸町）　増上寺（港区芝公園）　善福寺（港区元麻布）　高円寺（杉並区高円寺南）　寛永寺（台東区上野桜木）　龍泉寺（目黒区下目黒）　吉祥寺（文京区本駒込）　靖国神社（千代田区九段北）　王子神社（北区王子本町）　皎月院（八王子市上恩方町）　浄福寺（八王子市下恩方町）　狭山神社（埼玉県所沢市）　谷中霊園管理事務所（台東区谷中）　日比谷公園みどりの図書館・東京グリーンアーカイブス（千代田区）　北区飛鳥山博物館（北区王子）　文京ふるさと歴史館（文京区本郷）　八王子市郷土資料館（八王子市上野町）　小金井市文化財センター（小金井市緑町）　つつじが岡公園（群馬県館林市）　藤花園かすかべ案内人の会（埼玉県春日部市）　川口市立文化財センター（埼玉県川口市）　横浜植木株式会社（神奈川県横浜市）　鎌倉中央図書館（神奈川県鎌倉市）　富士屋ホテル（神奈川県箱根町）　箱根町立郷土資料館（神奈川県箱根町）　日光市歴史民俗資料館（栃木県日光市）　御料理旅館恵比寿屋（神奈川県藤沢市江の島）　食堂のいのうえ（神奈川県藤沢市江の島）　網代よし江（千葉県南房総市）

著 者　Author

古居智子（ふるい・ともこ）

大阪生まれ。北海道大学卒。国費留学生として米国マサチューセッツ州立大学に学ぶ。札幌でのフリーライター、雑誌編集者の経験を経て、1988年から米国ボストンを拠点にジャーナリストとして活躍。1994年屋久島恋泊に移住。2001年NPO法人屋久島エコ・フェスタを設立。環境保護活動に励みながら、日本と欧米の交流史や屋久島の歴史、文化、自然などをテーマに執筆活動を続けている。2011年からウィルソンの調査を開始。史料の発掘と取材執筆に情熱を注ぐ。
http://www.t-furui.jp/

主な著書　Chief Literary Works

『夢みる島「赤毛のアン」』（文藝春秋）、『屋久島　恋泊日記』（南日本新聞社）、『屋久島　島・ひと・昔語り』（南日本開発センター）、『密行　最後の伴天連シドッティ』（新人物往来社）、『増補版　密行　最後の伴天連シドッティ』（敬文舎）、『ウィルソンの屋久島―100年の記憶の旅路』（KTC中央出版）、『ウィルソンが見た鹿児島―プラント・ハンターの足跡を追って』（南方新社）、『ウィルソン 沖縄の旅 1917』（琉球新報社）、"L'ultimo missionario- La storia segreta di Giovanni Battista Sidotti in Giappone" (Terra Santa, Milano, Italy)、"Le dernier missionnaire-Histoire secréte de Jean-Baptiste Sidotti au Japon" (salvator, Paris, France) など多数。

企画展　Wilson's Exhibition

2013年「100年前の屋久島、今の屋久島写真展」屋久島環境文化村センター
2015-16年「百年の記憶　ウィルソンの見た鹿児島の自然」鹿児島県立博物館
2017-18年「ウィルソンが見た沖縄」 沖縄県立博物館・美術館／海洋博公園
2019年「100年前の東京と植物　プラントハンター ウィルソンの写真から」
国立科学博物館（上野）

100年前の東京と自然　―プラントハンター ウィルソンの写真

2019年 4月10日　初版第1刷発行

著　者　古居智子
発行者　八坂立人
印刷・製本　シナノ書籍印刷(株)

発行所　(株)八坂書房
〒101-0064 東京都千代田区神田猿楽町1-4-11
TEL.03-3293-7975　FAX.03-3293-7977
URL.: http://www.yasakashobo.co.jp

ISBN 978-4-89694-259-0